市政工程建设施工与智慧城市发展

王腾飞　单承瑾　李　静◎主编

中国商业出版社

图书在版编目（CIP）数据

市政工程建设施工与智慧城市发展 / 王腾飞，单承瑾，李静主编. -- 北京 : 中国商业出版社，2025. 7.
ISBN 978-7-5208-3510-7

Ⅰ. TU99；F299.21

中国国家版本馆CIP数据核字第2025SW0093号

责任编辑：袁　娜

中国商业出版社出版发行

（www.zgsycb.com　100053　北京广安门内报国寺1号）

总编室：010-63180647　编辑室：010-83128926

发行部：010-83120835/8286

新华书店经销

天津和萱印刷有限公司印刷

*

710毫米 × 1000毫米　16开　14.5 印张　240千字

2025年 7月第 1 版　　2025年 7月第 1 次印刷

定价：72.00 元

****

编委会

主　编：

王腾飞（山东省莱阳市南海新区开发服务中心）

单承瑾（龙口市住房和城乡建设管理局、龙口市环境卫生管理中心）

李　静（新泰市城市建设发展中心）

副主编：

唐志国（浙江宏润建设有限公司）

张意生［中交天航（宜宾）交通工程建设有限公司］

赵永波（安徽水利开发有限公司）

尚　海（贵州水务建设工程有限公司）

马前进（礼泉县建筑工程质量安全监督站）

冉小忠（信宇腾远工程咨询集团有限公司重庆南川分公司）

张　晶［中锦天鸿建设管理（集团）有限公司］

鞠朝伟（中铁建港航局集团重庆基础设施工程有限公司）

前言

在快速城市化的浪潮中，市政工程建设施工与智慧城市发展已成为推动社会进步、提升居民生活质量的关键力量。随着科技的飞速发展和人们对高品质生活环境的追求，市政工程建设不再局限于传统的道路、桥梁、隧道和管道等基础设施建设，而是日益融入了智能化、绿色化的新理念。智慧城市的概念应运而生，它利用信息和通信技术手段，感测、分析、整合城市运行核心系统的各项关键信息，对包括民生、环保、公共安全、城市服务、工商业活动在内的各种需求作出智能响应。这种新型的城市发展模式，不仅提高了城市管理的效率和水平，还为居民带来了更加便捷、舒适的生活体验。

本书系统阐述了市政工程建设施工的基础知识、核心环节和关键技术，全面覆盖了道路、桥梁、隧道、管道、环境等多元化市政工程项目。同时，本书深入探讨了城市道路与交通工程的关键技术及其在城市交通管理中的应用，包括智能化管理手段。在此基础上，本书进一步展望了智慧城市的未来发展，详细介绍了智慧城管、智慧园区等前沿概念与实践，旨在为读者呈现一幅市政工程建设与智慧城市深度融合、协同发展的全景图。本书内容翔实、结构严谨，既适合市政工程建设领域的专业人士阅读，也可作为智慧城市发展研究的重要参考。

本书在写作过程中参考了大量国内外学者的有关资料以及市政道路和桥梁施工技术与管理的有关规范、标准，在此谨向参考文献的作者表示衷心的感谢！

由于时间仓促，作者水平有限，书中难免存在疏漏，敬请读者批评指正，以期改善。

目录

第一章　市政工程建设施工基础知识……001

第一节　市政工程施工基础……001

第二节　市政工程项目建设程序……012

第二章　道路工程建设施工……017

第一节　路基工程施工……017

第二节　道路路面施工……032

第三节　道路附属工程施工……046

第三章　桥梁隧道工程建设施工……057

第一节　市政桥梁工程建设施工……057

第二节　市政隧道工程建设施工……075

第四章　市政管道工程建设施工……087

第一节　市政给水管道工程……087

第二节　市政排水管道工程……095

第三节　热力与燃气管道工程……102

第四节　城市工程管线……115

第五章　城市环境工程建设……120

第一节　城市环境工程与环境控制……120

第二节　城市园林绿化工程……127

第六章　城市道路与交通工程关键技术 136

第一节　城市轨道交通工程关键技术 136

第二节　道路交通控制技术 151

第三节　道路交通安全技术 164

第七章　城市交通管理 168

第一节　城市交通的管理 168

第二节　城市水上公共交通的运营管理 177

第三节　城市轨道交通的运营组织 180

第四节　城市交通的智能化管理 195

第八章　智慧城市发展 203

第一节　智慧城管 203

第二节　智慧园区 210

参考文献 221

第一章　市政工程建设施工基础知识

第一节　市政工程施工基础

市政工程是在以城市（城、镇）为基点的范围内，为满足经济、文化、生产、人民生活的需要并为其服务的公共基础设施的建设工程。

一、市政工程的内容

市政工程是指市政设施建设工程。市政设施是指在城市区、镇（乡）规划建设范围内设置，基于政府责任和义务，为居民提供有偿或无偿公共产品和服务的各种建筑物、构筑物、设备等。

市政工程主要包括城镇道路工程、桥梁工程、给水排水工程、燃气热力工程、绿化及园林附属工程等。

二、市政工程建设的特点

市政工程建设的特点主要表现在以下六个方面。

第一，单项工程投资大。一般工程投资为几千万元，较大工程投资在1亿元以上。

第二，产品具有固定性，工程建成后不能移动。

第三，工程类型多，工程量大，如道路、桥梁、隧道、水厂、泵站等类工程，以及逐渐增多的城市快速路、大型多层立交、千米桥梁。

第四，涵盖点、线、片形工程。例如，桥梁、泵站是点形工程，道路、管道是线形工程，水厂、污水处理厂是片形工程。

第五，结构复杂。每个工程的结构不尽相同，特别是桥梁、污水处理厂等工程结构更是复杂。

第六，干、支线配合，系统性强。例如，道路、管网等工程的干线要解决支线流量问题，而且成为系统，否则相互堵截，排流不畅。

三、市政工程施工的特点

市政工程施工的特点主要表现在以下七个方面。

第一，施工生产的流动性。市政工程施工生产的流动性是指在市政工程施工过程中所需的物资、设备、人力等资源的流动性。这种流动性对于确保市政工程施工的顺利进行至关重要。首先，市政工程施工涉及大量的物资和设备。例如，在道路修建过程中，施工方需要大量的沙子、水泥、砖石等建筑材料以及渣土车、挖掘机等工程机械。这些物资和设备的流动性意味着它们需要及时地供应到工地，并且在施工进程中随时准备好。只有这样，施工方才能够按照计划顺利施工。其次，市政工程施工也需要充足的人力资源。人力资源的流动性体现在施工队伍的组织与调配上。在施工进程中，施工方可能需要增加工人的数量来加快施工进度，也可能需要调整工人的岗位以适应不同的施工环境和要求。人力资源的流动性使得施工方能够灵活应对各种挑战和变化，确保施工质量和进度，最大限度地提高工作效率。

第二，施工生产的一次性。产品类型不同，其设计形式和结构也就不同，施工生产也各有不同。

第三，工期长，工程结构复杂，工程量大，投入的人力、物力、财力多。由于从开工到最终完成交付使用的时间较长，一个单位工程少则要施工几个月，多则要施工几年才能完成。

第四，施工的连续性。开工后，各个工序必须根据生产程序连续进行，不能间断，否则会造成很大的损失。

第五，协作性强。施工需有地上、地下工程的配合，材料、供应、水源、电源、运输和交通的配合，与附近工程、市民的配合，施工人员彼此需要协作支援。

第六，露天作业多。由于生产的特点，大部分施工属于露天作业。

第七，季节性强。气候影响大，不同的季节、天气和温度，都会给施工带来不同的困难。

总之，由于市政工程的特点，在基本建设项目的安排或施工操作方面，特别是在制订工程投资或造价规划方面，各部门和相关人员都必须尊重市政工程的客观规律，严格按照程序办事。

四、市政工程在基本建设中的地位

市政工程是国家的基本建设工程，是城市的重要组成部分。市政工程包括城市的道路、桥涵、隧道、给水排水、路灯、燃气、集中供热、绿化等。这些工程都是国家投资（包括地方政府投资）兴建的，是城市的基础设施，是供城市生产和人民生活的公用工程，故又称城市公用设施工程。

市政工程有着建设先行性、服务性和开放性等特点，在国家经济建设中起着重要的作用，它不但解决了城市交通运输、排泄水问题，促进了工农业生产发展，而且大大改善了城市环境卫生，提高了城市的文明程度。改革开放以来，政府大量投资兴建市政工程，不仅使城市林荫大道成网、给水排水管道成系统、绿地成片、水源丰富、电源充足、堤防巩固，而且逐步兴建煤气、暖气管道，集中供热、供气，使市政工程起到了为工农业生产服务、为人民生活服务、为交通运输服务、为城市文明建设服务的作用，有效地促进了工农业生产的发展，改善了城市环境，使城市面貌焕然一新，社会效益、环境效益和经济效益不断提高。

五、市政工程施工的发展趋势

按照城市总体规划发展的要求，坚持为生产和人民生活服务，必须按照本地区的发展方针，切实做好市政的新建、管理、养护与维修工作，既要求高质量、高速度，又要求高经济效益。这是对市政工程提出的新课题，无疑将有力地推动这门学科的进步。市政工程的发展趋势体现在以下三个方面。

（一）建筑材料方面

市政工程对传统的砂、石等建筑材料的使用有了新的突破；对电厂废料、粉煤灰的利用不断加强。例如，利用多种废渣做基础的试验正在进行；沥青混凝土的旧料再生正逐步推广；水泥混凝土外加剂被广泛重视等。建筑材料的研发虽取得了显著成果，但仍需加快研制进度，就地取材，降低造价。

（二）机械化方面

低标准的道路，一般跨度的桥梁，小管径给水、排水、上下水等继续沿用简易工具建造。高标准的道路结构，复杂的桥梁，大管径给水、排水等只有采用较为先进的机械设备，才能达到优质、高速、低耗的要求。施工方只有增强机械化施工的意识，加速培养机械化操作人员和机械化管理人员，才能适应市政工程高质量发展的需要。

（三）施工管理方面

建筑材料的更新、机械化程度的提高，促进了施工管理水平的提高。只有管理人员心中有数是不够的，施工方必须在施工过程中发挥广大工作人员的才智，群策群力。市政工程施工必须深化改革，实行岗位责任制，必须解放思想，不断实践。例如，绘制进度计划的横道图逐步被统筹法的网络代替；经济核算由工程竣工后算总账，改为预算中各项经济分析超前控制；大型工程的施工组织管理开始应用系统工程的理论方法，从而日益趋向科学化。这些不仅可以提高工程质量，缩短工期，提高劳动生产效率，降低成本，而且可以解决某些难以处理的技术难题。

现代市政工程施工已成为一项十分复杂的生产活动，需要组织各种专业的建筑施工队伍和数量众多的各类建筑材料、建筑机械与设备有条不紊地投入建筑产品的建造；组织好种类繁多的、数以百万甚至千万吨计的建筑材料、制品与构配件的生产、运输、储存和供应工作；组织好施工机具的供应、维修和保养工作；组织好施工用临时供水、供电、供气、供热，安排好生产和生活所需要的各种临时建筑物；协调好各方面的人员与物资。总之，现代市政工程施工涉及的问题点多面广、错综复杂，只有认真制定施工组织设计，并认真贯彻，才能有条不紊地施工，并取得良好的效果。

六、市政工程施工的准备工作

（一）施工准备工作概述

1. 施工准备工作的概念

以道路工程施工为例，道路工程项目总的程序按照决策、设计、施工和竣工验收等四大阶段进行。

施工准备工作是指施工方在施工前，为了保证整个工程能够按计划顺利完成，必须做好的各项准备工作。具体内容包括为施工提供必要的技术、物资、人

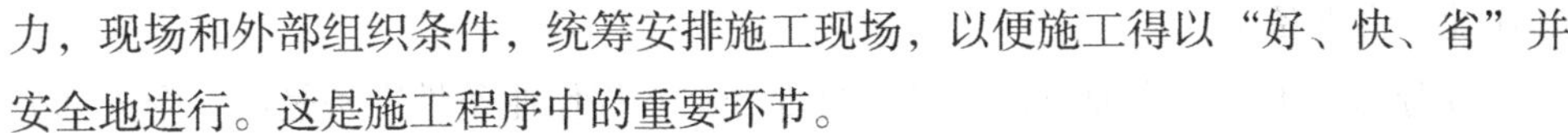

力，现场和外部组织条件，统筹安排施工现场，以便施工得以“好、快、省”并安全地进行。这是施工程序中的重要环节。

2. 施工准备工作的意义

施工准备工作是企业做好目标管理、推行技术经济责任制的重要依据，同时又是土建施工和设备安装顺利进行的根本保证。因此，认真做好施工准备工作，对于发挥企业优势、合理供应资源、加快施工速度、提高工程质量、降低工程成本、增加企业经济效益、赢得社会信誉、实现企业管理现代化等具有重要意义。

不管是整个建设项目，还是单项工程，或者是其中的单位工程，甚至是单位工程中的分部、分项工程，在开工之前，都必须进行施工准备。施工准备工作是施工阶段的一个重要环节，是施工项目管理的重要内容。施工准备的根本目标是为正式施工创造良好的条件。

施工准备工作不应局限于开工前的准备，而应贯穿整个施工过程。随着施工生产活动的进行，在每一个施工阶段，施工方都要根据各阶段的特点和工期等要求，做好各项施工准备工作，确保整个施工任务的顺利完成。

施工准备工作需要花费一定的时间，似乎推迟了建设进度。但实践证明，施工准备工作做好了，施工进度不但不会慢，反而会更快，而且可以避免浪费，有利于保证工程质量和施工安全，对提高经济效益也具有十分重要的作用。

3. 施工准备工作的分类

（1）按施工项目的施工准备工作的范围不同分类

施工项目的施工准备工作按范围的不同，一般可分为全场性施工准备、单位工程施工条件准备和分部分项工程作业条件准备等三种。

①全场性施工准备。全场性施工准备是以整个建设项目或一个施工工地为对象而进行的各项施工准备工作。其特点是施工准备工作的目的、内容都是为全场性施工服务。它不仅要为全场性施工活动创造有利条件，而且要兼顾单位工程的施工条件准备。

②单位工程施工条件准备。单位工程施工条件准备是以单位工程为对象而进行的施工条件准备工作。其特点是施工准备工作的目的、内容都是为单位工程施工服务。它不仅要为该单位工程在开工前做好一切准备，还要为分部分项工程做

好作业条件准备工作。

③分部分项工程作业条件准备。分部分项工程作业条件准备是以一个分部分项工程或冬雨期施工项目为对象而进行的作业条件准备工作，是基础的施工准备工作。

（2）按施工阶段分类

施工准备工作按拟建工程所处的不同施工阶段，一般可分为开工前的施工准备和各分部分项工程施工前的准备两种。

第一，开工前施工准备是在拟建工程正式开工之前所进行的一切施工准备工作。其目的是为拟建工程正式开工创造必要的施工条件。它既可以是全场性的施工准备，也可以是单位工程施工条件准备。

第二，各分部分项工程施工前的准备是在拟建工程正式开工之后，在每一个分部分项工程施工之前所进行的一切施工准备工作。其目的是为各分部分项工程的顺利施工创造必要的施工条件。它又被称为施工期间的经常性施工准备工作、作业条件的施工准备，既具有局部性和短期性，又具有经常性。

综上所述，施工准备工作不仅在开工前的准备期进行，还贯穿整个施工过程。随着工程施工的进行，在各个分部分项工程施工之前，施工方都要做好施工准备工作。施工准备工作既要有阶段性，又要有连贯性。因此，施工准备工作必须有计划、有步骤、分阶段地进行，它贯穿整个工程项目建设。在项目施工过程中，首先，只有准备工作达到开工所必备的条件，施工方方能开工；其次，随着施工的进程发展和技术资料的逐渐齐备，施工方应不断完善施工准备工作的内容，加深深度。

（二）技术准备

施工技术准备是工程开工前期的一项重要工作，其主要工作内容有以下三个方面。

1. 图纸会审，技术交底

图纸会审、技术交底是基本建设技术管理制度的重要内容。工程开工前，总工程师带领有关技术人员仔细审阅图纸，将不清楚或不明白的问题汇总，通知业主、监理和设计单位及时解决。图纸会审由建设单位（监理单位）负责召集，是一次正式会议，各方可先审阅图纸，汇总问题，在会议上由设计单位解答或各方共同确定。建设单位测量复核成果，对所有控制点、水准点进行复核，对于与图纸有出入的地方，及时与设计人员联系解决。

技术交底一般分为设计技术交底、施工组织设计交底、试验专用数据交底、分部分项或工序安全技术交底等几个层次。工程开工后，每一工序由总工程师组织技术人员向施工人员和作业班组交底。

2. 调查研究，收集资料

市政工程涉及面广，工程量大，影响因素多，所以施工前必须对所在地区的特征和技术经济条件进行调查研究，并向设计单位、勘测单位和当地气象部门收集必要的资料。这主要包括以下三个方面。

第一，有关拟建工程的设计资料和设计意图，测量和记录水准点位置、原有各种地下管线位置等。

第二，各项自然条件资料，如气象资料和水文地质资料等。

第三，当地施工条件资料，如当地材料价格及供应情况，当地机具设备的供应情况，当地劳动力的组织形式、技术水平，交通运输情况及能力等。

3. 编制施工组织设计

施工组织设计既是施工前准备工作的重要组成部分，又是指导现场准备工作、全面部署生产活动的依据，对于能否全面完成施工生产任务起着决定性作用，因此，在施工前必须收集有关资料，编制施工组织设计。

（1）道路施工组织设计的特点

第一，道路工程要用多种材料混合加工，因此，道路的施工必须和采掘、加工、储存材料的基地工作密切联系。组织路面施工时，建设单位应考虑混合料拌和站的情况，包括拌和站的规模、位置等。

第二，在设计路面施工进度时，设计人员必须考虑路面施工的特殊要求。例如，沥青类路面不宜在气温过低时施工，应安排在温度相对适宜的时间内施工。

第三，路面施工的工序较多，合理安排工序间的衔接是关键。垫层、基层、面层以及隔离带、路缘石等工序的安排，在确保养护期要求的条件下，应按照自下而上、先主体后附属的顺序进行。

（2）道路施工组织设计的编制程序

第一，根据设计道路的类型，进行现场勘察与选择，确定材料供应范围及加工方法。

第二，选择施工方法和施工工序。

第三，计算工程量。

第四，编制流水作业图，布置任务，组织工作班组。

第五，编制工程进度计划。

第六，编制人、材、机供应计划。

第七，制定质量保证体系、文明施工与环境保护措施。

（3）编制施工预算

施工预算是施工单位内部编制的预算，是单位工程在施工时所需人工、材料、施工机械台班消耗数量和直接费用的标准，它可以使建设单位有计划、有组织地进行施工，从而达到节约人力、物力和财力的目的。其内容主要包括以下两个方面。

①编制说明书。包括编制的依据、方法、各项经济技术指标分析以及新技术、新工艺在工程中的应用等。

②工程预算书。包括工程量汇总表、主要材料汇总表、机械台班明细表、费用计算表、工程预算汇总表等。

（三）组织准备

1. 组建项目经理部

施工项目经理部是指在施工项目经理领导下的施工项目经营管理层，其职能是对施工项目实行全过程的综合管理。施工项目经理部是施工项目管理的中枢，是施工企业内部相对独立的一个综合性的责任部门。

（1）项目经理部的设置原则

项目经理部的机构设置要根据项目的任务特点、规模、施工进度、规划等方面的条件确定，其中要特别遵循三个原则。

第一，项目经理部功能必须完备。

第二，项目经理部的机构设置必须根据施工项目的需要实行弹性建制，一方面要根据施工任务的特点确定设立部门类型；另一方面要根据施工进度和规划安排调节机构的人数。

第三，项目经理部的机构设置要坚持现代组织设计的原则：首先，要反映施工项目的目标要求；其次，要体现精简、效率、统一的原则，分工协作的原则和责权利统一的原则。

（2）项目经理部的机构设置

施工项目经理部的设置和人员配备要根据项目的具体情况而定，一般应设置以下四个部门。

①工程技术部门。工程技术部门负责执行施工组织设计、组织实施、计算统计，进行施工现场管理，处理工程进展中随时出现的技术问题，调度施工机械，协调各部门之间及与外部单位之间的关系。

②质安环保部门。质安环保部门负责施工过程中质量的检查、监督和控制工作，以及安全文明施工、消防保卫和环境保护等工作。

③材料供应部门。材料供应部门在开工前应提出材料、机具的供应计划，包括材料、机具的计划量和供应渠道；在施工过程中，材料供应部门要负责施工现场各施工作业层间的材料协调，以保证施工进度。

④合同预算部门。合同预算部门主要负责合同管理、工程结算、索赔、资金收支、成本核算、财务管理和劳动分配等工作。

2. 组建专业施工班组

（1）选择施工班组

在路面施工中，面层、基层和垫层除构造有变化外，工程量基本相同。因此，建设单位可以根据不同的面层、基层、垫层，选择不同的施工队伍，按均衡的流水作业施工。

（2）劳动力的调配

劳动力的调配一般应遵循如下规律：开始时，调用少量工人进入工地，做准备工作；随着工程的开展，陆续增加工作人员；工程全面展开时，可将工人人数增加到计划需要量的最高限额，尽可能保持人数稳定；工程部分完成后，逐步分批减少人员数量；最后，由少量工人完成收尾工作。建设单位要尽可能避免工人数量骤增或骤减现象的发生。

（四）其他准备工作

1. 施工准备

施工现场是参加道路施工的全体人员为优质、安全、低成本和高速度完成施工任务而工作的活动空间。施工现场准备工作是为拟建工程施工创造有利的施工条件和提供物质保证。其主要内容如下。

第一，拆除障碍物，做好水通、电路、路通，土地平整（以下简称“三通一平”）工作。

第二，做好施工场地的控制网测量与放线。

第三，搭设临时设施。

第四，安装调试施工机具，做好建筑材料、构配件等的存放工作。

第五，做好冬季、雨季施工安排。

第六，设置消防、安保设施和机构。

另外，路基、路面的施工均为长距离线形工程，受季节的影响很大，为使工程施工能保证质量、按期开工，建设单位必须做好线路复测、查桩、认桩工作，高温季节要做好降温防暑等工作。

2. 施工物资准备

（1）物资准备工作的内容

第一，材料的准备。

第二，配件和制品的加工准备。

第三，安装机具的准备。

第四，生产工艺设备的准备。

（2）物资准备的注意事项

第一，无出厂合格证明或没有按规定进行复验的原材料、不合格的配件，一律不得进场和使用。建设单位要严格执行施工物资的进场检查验收制度，杜绝假冒伪劣产品进入施工现场。

第二，建设单位在施工过程中要注意查验各种材料、构配件的质量和使用情况，对不符合质量要求，与原试验检测品种不符或有怀疑的，应提出复试或化学检验的要求。

第三，进场的机械设备必须进行开箱检查验收，产品的规格、型号、生产厂家、生产地点和出厂日期等必须与设计要求完全一致。

3. 施工准备工作的实施

（1）施工准备中各种关系的协调

项目施工涉及许多单位、企业、工程的协作和配合，因此，施工准备工作也必须将各专业、各工种的准备工作统筹安排，取得建设单位、设计单位、监理单位和其他有关单位的大力支持，分工协作，只有这样才能顺利有效地进行施工。

（2）编制施工准备工作计划

为较好地落实各项施工准备工作，建设单位应根据各项准备工作的内容、时间和人员编制施工准备工作计划，责任落实到人，并加强对计划的检查和监督，保证准备工作如期完成。

（3）建立严格的施工准备工作责任制

施工准备工作范围广、项目多、时间长，故必须有严格的责任制，使施工准备工作得以真正落实。在编制施工准备工作计划以后，建设单位就要按计划将责任明确到有关部门甚至个人，以便按计划要求的时间完成工作内容。建设单位应对各级技术负责人在施工准备工作中应负的领导责任予以明确，以促使各级领导认真做好施工准备工作。现场施工准备工作应由项目经理部全权负责。

（4）建立施工准备工作检查制度

在施工准备工作实施的过程中，建设单位应定期进行检查，可按周、半月、月度进行检查。检查的目的是考察施工准备工作计划的执行情况。如果没有完成计划要求，建设单位应进行分析，找出原因，排除障碍，协调施工准备工作进度或调整施工准备工作计划。检查的方法包括：将实际与计划进行对比，即“对比法”；相关单位或人员在一起开会，检查施工准备工作情况，当场分析产生问题的原因，提出解决问题的办法，即“会议法”。后一种方法见效快，解决问题及时，可在制度中作相关规定，多予以采用。

（5）坚持按建设程序办事，实行开工报告和审批制度

当施工准备工作完成，且具备开工条件后，项目经理部应及时向监理工程师

提出开工申请，经监理工程师审批，并下达开工令后，及时组织开工，不得拖延。

第二节　市政工程项目建设程序

一、建设程序的含义

建设程序是指工程项目建设全过程中各项工作必须遵循的先后顺序。它是基本建设全过程中各环节、各步骤之间客观存在的、不可破坏的先后顺序，是由建设工程项目本身的特点、客观规律和相关法律法规约束所决定的。进行工程项目建设，坚持按规定的基本建设程序办事，就是要求基本建设工作必须按照符合客观规律和法律法规要求的一定顺序进行，正确处理基本建设工作中从投资决策、勘察、设计、建设、安装、试车，直到竣工验收、交付使用等各个阶段、各个环节之间的关系，达到提高投资效益的最终目的。这既是基本建设工作的一个重要问题，也是按照自然规律和经济规律管理建设工程项目建设的一个根本原则。

二、我国基本建设程序

一个建设工程项目从投资决策到建成投入使用，一般要经过决策、实施和投入运营等三大阶段。各阶段又可细分。

（一）决策阶段

1. 项目建议书阶段

项目建议书是由投资者对准备建设的项目所提出的大体设想和建议。

它主要是确定拟建项目的必要性和是否具备建设条件及拟建规模等，为进一步研究论证工作提供依据。与此阶段相联系的工作还有由有关主管部门组织的对项目建议书进行立项评估等。项目建议书一经批准，就是项目“立项”，可以对项目建设的必要性和可行性进行深入研究，为项目的决策提供依据。

2. 可行性研究阶段

设计单位根据项目建议书的批复进行可行性研究工作。设计单位对项目建设必要性、技术可行性、环境许可性、经济合理性和财务营利性进行全面分析和论证，并设计出令人最为满意的建设方案。与此阶段相联系的工作还有由有关主管部门组织的对可行性研究报告进行评估等。

（二）实施阶段

1. 设计阶段

根据项目可行性研究报告的批复，项目进入设计阶段。由于勘察工作是为设计提供基础数据和资料的工作，这一阶段也可称为勘察设计阶段，是项目决策后进入建设实施的重要准备阶段。设计阶段的主要工作通常包括初步设计和施工图设计这两个方面，对于技术复杂的项目还要专门进行技术设计工作。设计文件和资料是建设单位安排建设计划和组织项目施工的主要依据。

2. 施工阶段

（1）建设准备阶段

项目建设准备阶段的工作较多，主要包括申请列入固定资产投资计划、组织招标与投标，以及开展各项施工准备工作等。这一阶段的工作质量，对保证项目顺利建设具有决定性作用。这一阶段工作就绪，即可编制开工报告，申请正式开工。

（2）施工阶段

在该阶段，建设单位通过具体的建筑安装活动来完成生产任务，最终形成工程实体。这是一个投入人力、物力和财力最大且最为集中的阶段。在这一阶段末，建设单位还需要完成工程动用前的生产准备工作。

（3）竣工验收阶段

这一阶段是建设项目实施全过程中的最后一个阶段，是检查、验收与考核项目建设成果、检验设计和施工质量的重要环节，也是建设项目能否由建设阶段顺利转入生产或使用阶段的重要阶段。

（三）投入运营阶段

1. 后评价阶段

我国以前的基本建设程序中没有明确规定这一阶段。近几年，市政工程项目建设逐步转到讲求投资效益的轨道上来，国家开始规定对一些重大建设项目在竣工验收投入使用后，要进行后评价工作，并将其正式列为基本建设程序之一。这主要是为了总结项目建设的成功经验和失败教训，供以后的同类项目决策借鉴。

2. 投入使用

基本建设程序的投入使用阶段是指在完成基本建设项目的建设工作后，建设单位进行设备安装、试运行和正式投入使用的阶段。在这个阶段，各项设备将接入电源、进行调试，并经过一系列测试和检验，确保其能够稳定、高效地运行。这一阶段的顺利进行对于基础设施建设的进展和社会发展起着至关重要的作用。在基本建设程序的投入使用阶段，建设单位需要进行详细的计划和组织工作。首先，建设单位要制定详细的设备安装和试运行进度表，明确各个环节的时间节点和责任人。同时，建设单位要安排专业技术人员进行设备的调试和安装，确保每个设备都能按照规定的要求正常运行。其次，在设备安装和试运行过程中，监理单位要进行全面的监督和检查。负责监督的专业人员需要严格按照有关标准和规范进行检查，确保设备的安装和试运行符合安全和质量要求。如果发现问题，建设单位要及时进行整改和调整，确保项目能够按时投入使用。

三、市政工程项目建设阶段划分

市政工程项目建设同其他工程项目一样，也应遵循我国的基本建设程序。但考虑到市政工程项目的行业特点，一般将其建设过程分为决策、准备、实施和收尾等四个阶段。

（一）决策阶段

这一阶段的主要任务是根据国民经济中长期发展规划和当地经济社会发展现状，提出并编制项目建议书，批复后再开展项目可行性研究报告编制工作，项目可行性研究报告经评审并批复后，编制建设项目计划任务书（又叫设计任务书）。其主要工作包括调查研究，分析论证，选择与确定建设项目的地址、规模和时间要求等。

（二）准备阶段

项目取得工程可行性研究报告批复后，即有了明确的投资规模和建设内容，项目进入建设准备阶段。建设单位在这个阶段的主要任务是根据批准的计划任务书，沿着两条工作线路图同步开展工作：一是工程建设的工作线路图；二是取得施工用地的工作线路图。

在项目准备阶段，业主管理的程序最多且错综复杂，环环相扣。虽然工作分为两条线路图，但在各自工作过程中，两条线路图在某些前置条件闭合后，才能继续后续工作。因此，科学合理地组织这一阶段的工作，可以大大加快这个阶段的工作进度，提高工作效率。

（三）实施阶段

建设单位在这一阶段的主要任务是根据设计图纸和有关国家、地方及行业的技术标准与规范，组织各类参建单位按计划投入人力、物力与财力，进行市政工程项目的施工生产活动，保质保量地完成工程建设任务，并做好竣工验收和交付使用前的各项准备工作等。

（四）收尾阶段

该阶段的主要任务是完成工程竣工收尾的所有工作，主要内容包括进行工程预验收、竣工验收与交付使用、资料归档及竣工报备、工程竣工结算、工程竣工决算、工程保修期管理、综合验收及固定资产移交、工程财务审计、项目后评价等。

四、市政工程项目建设程序的特点

市政工程与公路工程等其他工程的区别主要体现在以下方面。

第一，决策阶段涉及监督管理部门众多，除技术经济论证外，尚需通过有关部门的预审与评审。

市政工程项目与城市的生存和发展紧密相连，与市民的生活质量休戚相关，因此，在决策阶段需要通过有关部门的专项评价与论证，使其建设期间对百姓的生产、生活、出行和环境的影响最小，建成后让百姓在生产、生活、出行和环境方面受益最大。

第二，准备阶段应在加强沟通与协调的基础上完成相关准备工作。市政工程涉及大量的管线迁移改造或新建工作。在项目准备阶段，土建设计单位要按照管线综合图进行各专业管线施工图设计，建设单位必须及时跟踪设计进度，协调解决各种管线纵横交叉的矛盾问题。以上设计需要与土建工程设计同步完成并编制工程概算，为项目的顺利实施提供条件。

第三，各阶段相关工作应充分衔接与搭接。市政工程项目的交通情况复杂，社会关注度高，施工环境条件受到严格制约。在项目决策和准备过程中，各单位需要充分研究项目的实施环境和可行性，从场地施工条件和对交通影响程度方面综合考虑，在工程开工前做好交通疏解的各项准备工作。否则，施工过程会造成城市交通拥堵，甚至瘫痪。各单位在此过程中要充分与交通管理部门沟通，利用交通管理部门的知识与经验优化工程实施方案。

第二章　道路工程建设施工

第一节　路基工程施工

一、填方路基的施工

（一）填筑前的基底处理

基底是指填料与原地面接触的部分。在路堤填筑前，施工人员要进行基底处理，使得填料和原地面土紧密结合，以免路堤沿基底滑动，或因草皮、树根腐烂而沉陷等。基底处理一般包含以下五个方面。

第一，路堤填筑范围内的树木、草丛等要进行清理，并在清理后按规定进行平整压实。

第二，对于原地面的坑洞、裂缝等，应用原地的土回填，并按规定进行压实。

第三，如果原地面土的强度不符合要求，则应进行换填，换填深度应不小于30cm，并且要分层压实到符合规定的压实度。

第四，路堤如果经过耕地，则应清除有机土、种植土，并平整压实；如果经过水田、池塘等，则应根据具体情况采取措施，如排水疏干、挖除淤泥等，以保证基底的稳固。

第五，如果基底为坡面，则应视具体的坡度情况而采取相应的措施。当坡度较小，在1：10至1：5之间时，施工人员只需在清除坡面上的树根、杂草等杂物后，将翻松的表层压实；当坡度较大，在1：5至1：2.5之间时，施工人员应将坡面做成台阶形；当坡度超过1：2.5时，施工人员则应采用修护墙、护脚等措施进行特殊处理。

（二）填料的选择

1. 选择流程

填方路基填料的选择流程一般为：确定料源→取样试验→改良填料。

（1）确定料源

施工人员应根据设计文件，并结合现场调查情况，确定填料的来源地点。

（2）取样试验

在确定料源后，施工人员应及时取样进行试验，以检测其含水率、液限、塑限等，必要时应检测其有机质含量、易溶盐含量等，从而判断填料的可用性。

（3）改良填料

试验后，如果填料不符合要求，施工人员则应对填料进行改良。例如，当含水率过高或过低时，施工人员可通过晾晒或洒水的方式进行改良。

2. 注意事项

第一，填料应具有良好的级配和一定的黏结力，并易于压实，不会受水浸软化和冻害影响等。

第二，严禁选含草皮、生活垃圾、树根、腐殖质的土作填料。

第三，淤泥土、强膨胀土、有机质土等稳定性较差的土不宜作为路基填料，如果必须采用，施工人员则应采取技术措施进行处理，满足设计要求后方可使用。

第四，透水性良好的石块、碎（砾）石土、粗砂、中砂，湿度未超过设计规定极限值的亚砂土、轻黏土和黏土等，均可用作路堤填料。

第五，膨胀岩石、易溶性岩石不宜直接用作路堤填料；强风化石料、崩解性岩石和盐化岩石不得直接用作路堤填料。

第六，石路堤所用的石料强度一般不应小于15MPa，最大粒径不宜大于压实层厚的2/3。

第七，当土石路堤所用混合填料中的石料强度大于20MPa时，石料的最大粒径不得大于压实层厚的2/3，否则应予以剔除。

（三）填筑方式

路堤填筑方式一般有纵向分层填筑、横向全高填筑和联合填筑等三种。

1. 纵向分层填筑

纵向分层填筑是路堤常用的填筑方式，它是指沿道路纵向分层填筑，分为水平分层填筑和纵坡分层填筑两种。

（1）水平分层填筑

水平分层填筑是指按照横断面全宽进行水平分层，逐层向上填筑，每填一层都要进行压实，压实度符合要求后方可填筑上一层。该方式具有施工简单、安全、压实质量易保证等优点，是最常见的填筑方式。

（2）纵坡分层填筑

纵坡分层填筑是指按纵坡方向逐层推土填筑，适用于推土机或铲运机从路堑取土填筑运距较短的路堤。当原地面纵坡大于12%时，施工人员宜采用该填筑方式。

2. 横向全高填筑

横向全高填筑是指从路基一端或两端同时按各横断面全高，逐步推进填筑。该方式适用于无法自下而上填筑的深谷、陡坡、断岩或运土机械无法进场的泥沼地区。

横向全高填筑的缺点是不易压实、沉陷不均匀，施工人员在填筑时应尽可能选用高效能的压实机具（如振动压路机），并选用沉陷量较小的砂性土作填料。

3. 联合填筑

联合填筑是指路堤下部采用横向全高填筑，路堤上部采用水平分层填筑。一般来说，当道路穿过深谷、陡坡且对路基上部的压实度要求较高时，施工人员可以采用这种填筑方式。

（四）填筑施工

1. 土路堤的填筑施工

土路堤的填筑施工流程一般为：施工准备→基底处理→分层填筑→摊铺平整→洒水晾晒→碾压夯实→检查验收→路基修整。

施工人员在进行土路堤的填筑施工时，应注意以下四点。

第一，土路堤一般宜采用纵向分层填筑的方式，从最低处起分层填筑，逐层压实。为确保压实度，每层填土的松铺厚度应通过试验确定。

第二，每层填土压实后的宽度不得小于设计宽度。

第三，当土路堤填筑分几个作业段施工时，如果两段交接处不在同一时间填筑，施工人员则应对先填筑地段按1∶1坡度分层留台阶；如果两个地段同时作业，施工人员则应分层相互交叠衔接，搭接长度不得小于2m。

第四，施工人员在采用不同性质的土进行混合填筑时，应注意以下三点。

一是同一填筑层应采取同一种性质的填土，不得混合填筑。

二是潮湿或冻融敏感性小的土应填筑在路基上层，强度较小的土应填筑在路基下层。

三是透水性较差的土填筑于路堤下层时，应做成坡度为4%的双向横坡；填筑于路堤上层时，不应覆盖在透水性较好的土层上。

2. 石路堤的填筑施工

石路堤的填筑施工流程一般为：施工准备→边坡码砌→填料装运→石料破碎→摊铺平整→碾压成型→检查验收→路基修整。

施工人员在进行石路堤的填筑施工时，应注意以下五点。

第一，对于高速公路、一级公路和铺设高级路面的其他等级公路，石路堤应采用纵向分层填筑的方式，并分层压实；对于二级及二级以下且铺设低级路面的公路，石路堤的陡峭山坡段可采用联合填筑的方式。

第二，为了便于施工和达到设计要求的压实度，填石分层松铺厚度不宜过大，高速公路和一级公路不宜大于0.5m，其他等级公路不宜大于1.0m。

第三，高速公路和一级公路石路堤的路床顶面以下50cm范围内，应填筑符合路床要求的土料，并分层压实，土料的最大粒径不得大于10cm；其他等级公路石路堤的路床顶面以下30cm范围内，应填筑符合路床要求的土料，并分层压实，土料的最大粒径不得大于15cm。

第四，当石块级配较差、粒径较大、填层较厚、石块间的空隙较大时，施工人员可以在每层表面的空隙中填入石渣、石屑、中砂、粗砂，以保证密实度。

第五，当人工铺填粒径为25cm以上的石块时，施工人员应先铺填粒径较大的石块，再用小石块找平，石屑塞缝，最后压实；当人工铺填粒径为25cm以下的石料时，施工人员可直接分层摊铺、分层压实。

3. 土石路堤的填筑施工

土石路堤的填筑施工流程一般为：施工准备→填料运输→填料倾倒→推土机整平→碾压成型→检查验收→路基修整。

施工人员在进行土石路堤的填筑施工时，应注意以下三点。

第一，土石路堤不得采用横向全高填筑的方式，而应采用纵向分层填筑的方式，并分层压实。每层铺填厚度应根据压实机械类型、规格和性能确定，一般不宜大于40cm。

第二，在土石混合填料中，当石料含量大于70%时，施工人员应先铺填大块石料，且大面向下，放置平稳，再用小块石料、石渣或石屑找平，最后填土并压实；当石料含量小于70%时，土石可混合铺填，但应避免硬质石块集中。

第三，高速公路和一级公路土石路堤的路床顶面以下30～50cm范围内，应填筑符合要求的土料，并分层压实，土料最大粒径不得大于10cm；其他等级公路土石路堤的路床顶面以下30cm范围内，一般填筑砂类土，并分层压实，砂类土最大粒径不大于15cm。

二、挖方路基的施工

（一）土方路堑的开挖施工

1. 土方路堑开挖的一般要求

土方路堑的开挖应遵照以下要求。

第一，土方开挖应按照自上而下的顺序进行，不能采用掏空倒挖的施工方法。

第二，开挖出的适用土方应用于路堤的填筑，不适用的材料应按照相应规定进行处理。

第三，在土方路堑开挖的过程中，若遇到土质变化需要修改施工方案时，施工方则应及时报批，经有关部门批准后方可修改。

2. 土方路堑的开挖方法

根据掘进方向不同，土方路堑的开挖方法一般可分为横向全宽挖掘法、纵向挖掘法和混合挖掘法等三种。

（1）横向全宽挖掘法

横向全宽挖掘法是指以路堑整个横断面的宽度和深度，从一端或两端逐渐向前挖掘的方法，一般可分为单层横向全宽挖掘法和双层横向全宽挖掘法。

单层横向全宽挖掘法是指一次挖掘深度达到路堑设计深度的方法，掘进时，逐段成形向前推进，沿相反方向将土运送出去。这种方法适用于深度小、长度较短的路堑开挖。

双层横向全宽挖掘法是指分成两层（上层在前、下层随后），在不同标高的台阶上同时进行挖掘的方法。这种方法可增加工作面，加快施工速度，适用于深度过大的路堑开挖。

当采用双层横向全宽挖掘法挖掘时，每层台阶都应设有单独的运土通道和排水沟渠，以免相互干扰。人工运土通道宽度不宜小于2m，机械运土通道宽度应不小于4m，双车通道宽度不宜小于8m。

（2）纵向挖掘法

纵向挖掘法有分层纵挖法、通道纵挖法和分段纵挖法三种。

①分层纵挖法。分层纵挖法是指沿路堑全宽，以深度不大的纵向分层进行挖掘。这种方法适用于较长但深度不大的路堑开挖。

②通道纵挖法。通道纵挖法是指先沿路堑纵向挖出一条通道，然后将该通道向两侧拓宽至路堑边坡后，再挖掘下层通道。该方法适用于较长、较深、两端地面纵坡较小的路堑开挖。

③分段纵挖法。分段纵挖法是指沿路堑纵向选择几个适宜处，将较薄一侧堑壁横向挖穿，使路堑分成数段，各段再纵向开挖。这种方法适用于过长、弃土运距过远、一侧堑壁较薄的傍山路堑开挖。

（3）混合挖掘法

混合挖掘法是将通道纵挖法和横向全宽挖掘法进行混合使用的方法，即先沿路堑纵向挖出一条通道，再横向挖出若干条辅助通道。这种方法可以集中较多的人力、机具，沿纵横向通道同时挖掘，适用于路堑深、土方量大、进度要求快的工程。

（二）石方路堑的开挖施工

由于岩石坚硬，石方路堑的开挖往往比土方路堑困难。常用的石方路堑开挖方法有爆破法、松土法和破碎法。开挖前，施工人员应根据岩石的类别、风化程度、施工条件和工程量大小等，确定开挖方法。

1. 爆破法

爆破法是指利用炸药爆炸的能量来破碎或抛掷岩石，岩石爆破后用机械清除。爆破法具有工效高、劳动力消耗少、施工成本低等优点，是非常有效的路堑开挖方法，适用于开挖岩石坚硬、不能用人工或机械开挖的路堑。

利用爆破法开挖石方的流程一般为：施工准备→布设炮孔→钻制炮孔→装药→堵塞→连接起爆网络→起爆→检查和解除警戒→清运爆破的石方。

石方开挖采用爆破法时，应遵守以下规定。

第一，爆破施工必须由取得爆破专业技术资质的企业承担，爆破人员应经技术培训持证上岗，现场必须设专人指挥。

第二，施工前，具有相应爆破设计资质的单位应进行爆破设计、编制爆破设计书或说明书、制定专项施工方案、规定相应的安全技术措施。

第三，起爆前，施工方应对爆破影响区内的构筑物、设施等进行安全防护，并设置安全警戒线，将爆破区内的人、畜等都运送到安全地带。

第四，起爆前，爆破人员应确认是否装好炸药，并检查导爆、起爆系统安装是否正确有效。

2. 松土法

松土法是指利用岩石的各种裂缝，先用推土机牵引松土器将岩石翻松，再用推土机或装载机与自卸汽车配合，将翻松的岩石搬运到指定地点。

松土法避免了爆破法所具有的危险性，有利于挖方边坡的稳定和附近构筑物的安全。随着大功率施工机械的使用，松土法越来越多地应用于石方路堑的开挖，而且开挖效率也越来越高。

凡是能用松土法开挖路堑的，应尽量不采用爆破法。

3. 破碎法

破碎法是指将凿子安装在推土机或挖掘机上，利用活塞的冲击作用，使凿子产生冲击力，以此凿碎岩石，再将岩石挖运出去。

破碎法主要用于岩石裂缝较多、体积较小、抗压强度低于100MPa的工程，其开挖效率不高，只能用于前述两种方法不能使用的局部场合，也可辅助爆破法和松土法进行作业。

三、路基压实施工

（一）常用的路基压实机械

常用的路基压实机械可分为静力式、夯击式和振动式等三大类。

1. 静力式压实机械

静力式压实机械主要有光轮压路机、羊足碾压路机和轮胎压路机等三种。

（1）光轮压路机

光轮压路机是一种以内燃机为动力的压路机，具有操作灵活、碾压速度快等优点，可用于压实砂土、黏性土等。

（2）羊足碾压路机

羊足碾压路机是一种在车轮上装有许多凸块的压路机，其靠拖拉机牵引，具有单位压力大等优点，多用于路基的初压工作，尤其对含水量较大的黏性土有较好的压实效果。

（3）轮胎压路机

轮胎压路机是一种利用多个充气轮胎对路基进行压实的机械，具有压力均匀、压实质量好等优点，适用于压实各种土壤。

2. 夯击式压实机械

夯击式压实机械主要有夯锤和小型打夯机，常用的小型打夯机有蛙式打夯机和内燃打夯机。

（1）夯锤

夯锤是一种借助起重机悬挂一重锤进行夯实的机械，适用于夯实砂土、湿陷性黄土、杂填土和含有石块的填土等。

（2）小型打夯机

小型打夯机具有体积小、重量轻、操纵灵活等优点，适用于夯实黏性较低的土（如砂土、粉土等），主要用于狭小的场地作业和大型机械无法到达的边角夯实。

3. 振动式压实机械

振动式压实机械主要有振动压路机和手扶平板式振动压实机。

（1）振动压路机

振动压路机利用机械高频率的振动对土层起到压实的作用，具有效率高、压实效果好等优点，可压实多种类型的土壤，主要用于工程量大的大型土方工程。

（2）手扶平板式振动压实机

手扶平板式振动压实机主要用于小面积的路基夯实。

（二）填土路基的压实

1. 填土路基的压实机理

填土路基是由土粒、水分和空气组成的三相体系，三者的特性共同构成填土的物理性质，如果三者的组成情况发生改变，那么填土的物理性质就会发生改变。填土路基受压时，其中的水分和空气会被挤出，土粒靠拢紧密，重新排列成密实的新结构。这时，土粒之间的摩擦力和黏结力会增加，从而提高填土路基的强度。

2. 影响填土路基压实的因素

影响填土路基压实的因素包括内因和外因两个方面。内因主要指土的含水量和土质；外因主要指压实功能和铺土厚度。

（1）土的含水量

土的含水量是指天然状态下土中水的质量与土粒质量之比，对填土路基压实效果影响显著。当含水量较小时，土粒干燥，它们之间的摩擦力较大，外部压力很难使土粒移动，压实效果较差；当含水量适当时，水会起到一定的润滑作用，外部的压力比较容易使土粒移动，压实效果较好；当含水量过大时，土粒间空隙被大量的自由水占据，外部压力一部分被自由水抵消，降低了有效压力，压实效果较差。

每种土都有最佳含水量，在含水量最佳的情况下进行压实，所得的干密度最大，压实效果最好。

（2）土质

路基的土质不同，其压实效果会有所差别。一般来说，非黏性土（如砂性土等）的压实效果优于黏性土的压实效果。

（3）压实功能

压实功能主要是指压实机械的重量、碾压遍数、作用时间等，它对压实效果有较大的影响。

对于同类土，当含水量一定时，压实功能越大，土的干密度越大。在施工中，如果土的含水量低于最佳含水量，而且加水困难时，施工人员可通过增加压实功能（如采用重型压实机械、增加碾压遍数或延长作用时间等）来提高路基的密实度。但压实功能增加到一定程度时，填土路基的密实度便不再改变。这时，继续增压不仅在经济上不划算，而且会破坏填土路基的结构，效果适得其反。

经验证明，在填土路基的压实中，控制土的最佳含水量比增加压实功能更有效果。因此，填土路基压实的关键是控制土的最佳含水量，必要时可适当增加压实功能。

（4）铺土厚度

压实机械不同，其压土时的作用深度就会不同。铺土厚度应小于压实机械压土时的作用深度，并要考虑最优铺土厚度问题。如果铺得过厚，深部不能获得要求的压实度；如果铺得过薄，就会增加机械的总压实遍数。最优的铺土厚度应能使路基压实而机械的功耗最小。

3. 填土路基压实的施工要点

填土路基的压实应遵循以下原则。

（1）先轻后重

初压轻，复压重。

（2）先静后振

先采用静力式压实机械，后采用振动式压实机械。

（3）先慢后快

压实机械的速度随着压实遍数的增加而逐渐加快。

（4）先边后中

压实机械应从路基两侧逐渐向路基中心处压实。

（5）先低后高

在实施弯道压实作业时，应由低的一侧向高的一侧压实；当路基设有纵坡时，也应由低处向高处压实。

（6）路基重叠

压实机械相邻两次的轮迹应重叠。

（三）填石路基的压实

填石路基是指填料中石料含量不低于70%的路基。

1. 填石路基的压实机理

石料的颗粒较大，大多呈块状，它们的排列方式是简单的邻接或咬合连接，连接强度主要为摩擦力，几乎没有黏结力，而且石料中的空隙大、渗透性强。因此，填石路基受压时，不存在土粒中空隙气体或空隙水排出的现象，主要是外力克服石料颗粒之间的摩擦力，使它们相互碰撞，进而破碎成细粒材料，细粒材料填充到空隙中，使填石路基密实。

2. 填石路基压实的施工要点

第一，在填石路基压实之前，施工人员应用大型推土机将路基表面摊铺平整。对于个别不平整之处，应用细石屑找平。

第二，填石路基宜选用重量在12吨以上的重型振动压路机、2.5吨以上的夯锤或25吨以上的轮胎压路机来压实。

第三，在填石路基压实时，施工人员应先压两侧（即靠路肩部分），再压中间。

第四，填石路基达到要求的压实度所需的铺石厚度和压实遍数应经试验确定。

第五，填石路基顶面至路床顶面下30～50cm（高速公路和一级公路为

50cm，其他公路为30cm）范围内应填筑符合路床要求的土，并应按有关规定予以压实。

（四）土石路基的压实

土石路基是指填料中石料含量为30%～70%的路基。土石路基的压实方法应根据混合料中石料含量的多少来确定。当石料含量较少时，施工人员应按照填土路基的压实方法压实；当石料含量较多时，施工人员应按照填石路基的压实方法压实。

四、软土地基的加固施工

（一）软土地基加固施工前的准备工作

第一，熟悉施工图纸、工程地质报告、土木试验报告等资料，并熟悉地下管线、构筑物的布设。

第二，编制施工组织设计或施工大纲，使软土路基的处理按一定程序和方法进行。

第三，检验准备采用的原材料、半成品、成品等。

第四，对于准备采用桩基处理的软土地基，应进行成桩试验，以便取得桩基施工中的技术数据，确保桩基施工成功。

第五，做好排水措施，以保证施工期间排水通畅。对于常年积水的地段，应事先做好抽水、清淤和回填工作。

（二）软土地基加固的常用施工方法

软土地基加固的常用施工方法有换填法、反压护道法、土工合成材料处理法、袋装砂井法、塑料排水板法、抛石挤淤法、深层搅拌桩法等。

1. 换填法

换填法是指用一定方法将路基范围内的软土层挖除，然后回填强度高、压缩性低、稳定性好的材料，并分层压实至规定的密实度。这种方法适用于浅层处理，即软土层厚度较小，一般不大于5m的情况。

换填法的施工步骤一般如下。

第一，开挖排水沟，排除表层滞水，降低地下水位。

第二，采用机械清除软土，一般可用湿地推土机将软土推到路基界线以外。如果不宜采用推土机，则宜选择挖掘机进行挖除，并配以自卸汽车运输，卸至合适的地点。

第三，软土清除完毕后，进行回填工作。

2. 反压护道法

反压护道法指在路基的两侧（或一侧）填筑一定高度与宽度的护道，在护道荷载的作用下，形成反向力矩来平衡路基填土的滑动力矩，从而保证路基的稳定。

反压护道法的施工要点如下。

第一，应先填筑包括护道在内的砂垫层Ⅰ和路基Ⅱ，最后填筑主路基Ⅲ。

第二，在主路基施工中，如果确定护道下面的地基强度已达到规定要求，则可以将护道设计高度以上的部分挖出，利用这些材料填筑主路基。

第三，护道的高度宜为路基高度的1/2，宽度应通过稳定性验算确定。

3. 土工合成材料处理法

土工合成材料是土木工程应用的合成材料的总称，具有良好的抗拉、抗剪性能。土工合成材料处理法是指将各种土工合成材料置于土体内部或表面，以均匀支撑路基荷载，减小路基沉降和侧向位移，提高路基承载力。常见的土工合成材料有土工布、土工格栅和土工格室等。

土工合成材料处理法的施工要点如下。

第一，铺设土工合成材料前，应先将场地平整好。

第二，距土工合成材料层8cm以内的路基填料，其最大粒径不得大于6cm。

第三，铺设土工合成材料时，应将其沿垂直于路轴线展开，并选用合适的锚钉固定。铺设的土工合成材料应拉直、捋顺，不得出现扭曲、折皱等现象。

第四，铺设土工合成材料后，施工机械不得在其上直接行走。

第五，土工合成材料铺好后，应立即铺筑上层填料，其间隔时间不得超过48小时。

4. 袋装砂井法

袋装砂井法是指用透水型土工织物长袋装上砂子，设置在软土地基中，形成排水砂柱，以促进软土排水固结。

5. 塑料排水板法

塑料排水板是一种排水材料，它的中间层是塑料芯板，承担骨架和排水通道的作用，两面用土工织物包裹，用作滤层。

塑料排水板法是指在软土地基中按一定的间距和布置形式插设塑料排水板，软土地基中的水通过塑料排水板的滤层，渗进塑料芯板，然后排出，从而使得软土固结，提高地基承载力。塑料排水板法的施工步骤大致如下。

第一，平整场地。

第二，铺设下层砂垫层。

第三，机具定位。塑料排水板法使用的机具与袋装砂井法使用的基本相同，只是将圆形套管改为矩形套管。

第四，插设塑料排水板。首先，将塑料排水板从套管上端穿入，从下端穿出，并与桩靴相连。其次，启动机具，套管顶住桩靴，将塑料排水板插至设计深度。再次，拔出套管，使塑料排水板留在土中。最后，剪断塑料排水板，移动机位，进行下一塑料排水板施工。

在进行塑料排水板法施工时，应注意以下五点。

第一，在插入地基的过程中，塑料排水板应保证不扭曲、无破损。

第二，塑料排水板的底部应有可靠的锚固措施，以免施工人员在抽出套管时将其带出。

第三，在塑料排水板插好后，应及时将露在垫层外的多余部分剪断，并对塑料排水板予以保护，以防机具的移动使其受损。

第四，当碰到地下障碍物而不能继续打进时，应弃置该孔，拔管移位重新插入。

第五，在插入过程中，应保证套管的垂直度。

6. 抛石挤淤法

抛石挤淤法是指在路基底从中部向两侧抛投一定数量的碎石，将淤泥挤出路基范围，以提高路基强度。

抛石挤淤法的施工步骤大致如下。

（1）抛石

抛石主要采用人工投掷，装载机、推土机配合。

（2）推平

当所投掷的碎石高出原地面后，应采用推土机推平。

（3）碾压

推土机推平后，应采用重型压路机进行碾压。在碾压过程中，施工人员应适量加入小粒径碎石找平。

（4）清淤

对于挤出的淤泥，可采用挖掘机进行清除，并利用自卸汽车将其运至指定弃土场。

（5）铺筑反滤层

当所投掷的碎石达到设计要求的标高后，应在填筑范围内铺筑反滤层并碾压密实。

7. 深层搅拌桩法

深层搅拌桩法是指利用水泥、石灰等材料作为固化剂，通过深层搅拌机，在地基深处将软土和固化剂强制搅拌，利用固化剂和软土之间所产生的一系列物理、化学反应，使软土固结成具有整体性、水稳定性和一定强度的良好地基。

根据固化剂的状态不同，深层搅拌桩法可分为干法和湿法两类。干法是采用干燥状态的粉体材料作为固化剂，如水泥等；湿法是采用浆液材料作为固化剂，如水泥浆等。

深层搅拌桩法的施工工艺主要有两种：第一种是先在地面把水泥制成水泥浆，然后送至地下与地基土搅和，待其固化后，即可使地基土的力学性能得到加强；第二种是采用压缩空气，把干燥、松散状态的水泥粉直接送入地下与地基土搅和，利用地基土中的孔隙水进行水化反应后，再进行固结，以达到改良地基的目的。目前，我国采用较多的是第一种工艺，其施工步骤大致如下。

第一，深层搅拌机定位。

第二，预搅下沉。启动深层搅拌机，使钻杆边搅拌边下沉；同时，在后台拌制水泥浆液，并在压浆前，将浆液放入集料斗中。

第三，喷浆搅拌提升。当钻杆下沉至设计深度后，启动注浆泵，将水泥浆输送到深层搅拌机的搅拌头出浆口；出浆后，深层搅拌机按设计确定的提升速度边喷浆搅拌，边提升钻杆，使浆液和土体充分搅和。

第四，重复搅拌下沉。当钻杆头部提升至桩顶以上50cm后，关闭注浆泵，重复搅拌下沉至设计深度。

第五，重复喷浆搅拌提升。当钻杆下沉至设计深度后，重复喷浆搅拌提升，直到提升至地面。

第二节　道路路面施工

一、半刚性基层施工

（一）水泥稳定土基层的施工

水泥稳定土基层的施工方法主要有路拌法和厂拌法。

1. 路拌法施工

路拌法主要是采用机械或人工，在路面上的路槽内或者路面沿线，实行就地拌和混合料的一种施工方法。

水泥稳定土基层采用路拌法施工时的主要工序有准备下承层、施工放样、准备土料、摊铺土料、洒水闷料、整平与轻压、摆放与摊铺水泥、拌和（干拌）、加水并拌和、整形、碾压、养护、接缝处理、掉头处理等。

（1）准备下承层

在铺筑水泥稳定土前，施工人员应先准备下承层。当水泥稳定土用作基层时，下承层为底基层；当水泥稳定土用作底基层时，下承层为土基；当水泥稳定土用作老路面的加强层时，下承层为老路面。

施工人员在准备下承层时，应注意以下五点。

第一，下承层的表面应平整、坚实，具有规定的路拱。

第二，如果下承层为底基层，则应进行压实度检查，对于柔性底基层还应进行弯沉值检验。凡是不符合设计要求的路段，必须根据具体情况采取相应措施，如补充碾压、换填好的材料等。

第三，如果下承层为土基，则必须用12～15吨的三轮压路机或等效的碾压机械碾压3～4遍。在碾压的过程中，如果发现土料过干、表层松散，则应适当洒水；如果发现土料过湿，则应采用翻松晾晒、换土、掺石灰或水泥等措施进行处理，使土料的含水量接近或等于最佳含水量。

第四，如果下承层为老路面，则应检查其材料是否符合底基层材料的技术要求；如果不符合，应进行翻松并采取必要的处理措施。

第五，底基层或老路面上如果存在低洼和坑洞，则应仔细填补并压实；如果存在搓板及辙槽，则应将其刮除；如果存在松散之处，则应耙松、洒水，并重新压实。

（2）施工放样

在下承层验收合格后，施工人员应恢复中线，根据中桩和摊铺宽度，在路的两侧外设指示桩。对于直线段，施工人员宜每隔15～20m设一个桩；对于曲线段，施工人员宜每隔10～15m设一个桩。另外，施工人员还应在两侧指示桩上标出水泥稳定土基层边缘的设计高程，以便掌握施工标准。

（3）准备土料

水泥稳定土基层可使用老路面或土基的上部土料，也可使用料场的土料。使用老路面或土基的上部土料时，施工步骤大致如下。

第一，清除老路面或土基表面的石块等杂物。

第二，每隔10～20m挖一小洞，使洞底高程与预定的水泥稳定土基层的底面高程相同，并在洞底做一标记，以控制翻松和粉碎的深度。

第三，用犁、松土机或装有强固齿的平地机或推土机，将老路面或土基的上部翻松到预定深度，土块应粉碎到符合要求。

第四，用犁将土向路中心翻松，使预定处置层的边部形成一个垂直面。

第五，用专用机械粉碎黏性土。当无专用机械时，可以用旋转耕作机、圆盘耙等设备粉碎塑性指数不大的土。

使用料场的土料时，施工步骤大致如下。

第一，选定料场。先沿线初步选定料场，然后分别选取代表性的土样，做土的性能试验和水泥土混合料的力学试验，最后根据试验结果选定料场。

第二，采土。在采土前，应将树木、草皮、杂土等清除干净；在采土时，施工人员应在预定的深度范围内，自上而下采集，不应分层采集。

第三，运输与堆放。用装载机或挖掘机将土装到自卸车上，然后运输到施工场地，按计算的间距进行堆放。

（4）摊铺土料

土料准备好后，施工人员即可进行摊铺，摊铺要点如下。

第一，应事先通过试验确定土的松铺系数。

第二，土料摊铺应在水泥摊铺的前一天进行，摊铺长度按日进度的需要量控制，满足次日完成水泥的掺入、拌和、碾压成型即可。

第三，土料应均匀地摊铺在预定的宽度上，摊铺后的表面应平整，并具有设计规定的路拱。

第四，在摊铺土料的过程中，应将土块、超尺寸颗粒及其他杂物拣除。

第五，土料摊铺完毕后，应检验松铺土层的厚度是否符合设计要求。

（5）洒水闷料

土料摊铺完毕后，如果土的含水率过低，则施工人员应在土层上洒水闷料，使土的含水量接近最佳含水量，施工要点如下。

第一，洒水应均匀，以防出现局部水分过多的现象。

第二，在洒水过程中，洒水车不得在洒水段内停留和掉头。

第三，细粒料应经一夜闷料；对于中粒料和粗粒料，可视其中细粒料的含量，缩短闷料时间。

（6）整平与轻压

洒水闷料后，施工人员应整平土层，并用6～8吨两轮压路机碾压1～2遍，使土层表面平整，并具有一定的压实度。

（7）摆放与摊铺水泥

水泥的摆放与摊铺主要包含以下三个步骤。

第一，通过计算，确定水泥摆放的纵横间距，并在土层上做出摆放标记（如画方格）。

第二，将水泥送到摊铺路段，并卸在标记地点。

第三，用刮板将水泥均匀摊开，并注意使每袋水泥的摊铺面积相等。

（8）拌和（干拌）

水泥摊铺后，施工人员应进行拌和，使水泥分布到土中，施工要点如下。

第一，对于二级和二级以上公路，应采用专用稳定土拌和机进行拌和，并由专人跟随，随时检查拌和深度，配合拌和机操作人员调整拌和深度。拌和深度宜深入下承层5～10mm。

第二，对于三级和四级公路，应优先使用专用稳定土拌和机进行拌和；如果没有专用稳定土拌和机，则可用旋转耕作机与多铧犁（或平地机）相配合进行拌和。

（9）加水并拌和

上述拌和结束后，如果混合料的含水量不足，则应用喷管式洒水车补充洒水，并用专用稳定土拌和机进行再次拌和，使水分在混合料中分布均匀。

施工人员在加水并拌和时，应注意以下四点。

第一，专用稳定土拌和机应紧跟洒水车，以减少水分的流失。

第二，应及时检查混合料的含水量，使其略大于最佳值。

第三，应拣出超出要求尺寸的颗粒。

第四，混合料应拌和均匀。

（10）整形

整形主要包括以下四个步骤。

①初步整平。混合料拌和均匀后，施工人员应用平地机进行初步整平，即将多余的混合料刮出炉外，使表面平整。

②初步碾压。初步整平之后，应用拖拉机、平地机或轮胎压路机快速碾压一遍，以暴露潜在的不平整之处。

③找补平整。初步碾压后，如果局部有低洼，则应用齿耙将表层耙松，并用新拌的水泥稳定土混合料找补平整。

④再次整平。找补平整之后，再用平地机进行整平，将高处料直接刮出路外。

（11）碾压

整形之后，当混合料的含水率满足要求时，施工人员应立即用压路机对结构层进行碾压，碾压要点如下。

第一，各部分碾压的遍数应尽量相同，一般需要碾压6～8遍，路的两侧应多压2～3遍。前两遍的碾压速度宜为1.5～1.7km/h，后几遍的碾压速度宜为2.0～2.5km/h。

第二，碾压时，轮迹应重叠1/2轮宽。对于直线段，应由两侧向路中心碾压；对于曲线段，施工人员应由内侧向外侧碾压。

第三，碾压时，水泥稳定土的表面应始终保持湿润，如果水分蒸发过快，则应及时补洒少量的水。

第四，碾压过程中，如果出现松散、起皮等现象，则应及时翻开并重新拌和或用其他方法处理。

第五，在最后一遍碾压之前，应用平地机再终平一次，使表面的纵坡、路拱和超高符合设计要求。终平时，对于局部高出部分，施工人员应将其刮除并扫出路外；对于局部低洼之处，不用找补，可在铺筑面层时再进行处理。

（12）养护

碾压完成后，施工人员要对其进行养护，养护时间一般不少于7天，宜用湿砂、不透水薄膜或湿麻袋进行覆盖养护，也可喷洒沥青乳液或洒水养护。

（13）接缝处理

水泥稳定土基层的接缝有横向接缝和纵向接缝两种。

①横向接缝处理。

第一，对于同日施工的两个工作段接缝处，施工人员应进行搭接，具体方法是：前一段拌和整形后，留5～8m不进行碾压；后一段施工时，将前段留下的未压部分，再加部分水泥，重新拌和，并与后一段一起碾压。

第二，对于不同日施工的两个工作段接缝处，应按下列方式进行处理。

第一日，首先在已碾压完成的末端，挖一条横贯铺筑层全宽的槽（宽约30cm，深度同水泥稳定土基层厚度）；其次在槽内放两根方木（长度为全宽一半，厚度同水泥稳定土基层）；最后用原先挖出的素土回填槽内其余部分。

第二日，邻接作业段拌和后，除去方木，用混合料回填。

②纵向接缝处理。水泥稳定土层的施工应尽量避免纵向接缝，如果必须分两幅施工，施工人员需设置纵向接缝，按下述方法进行处理。

第一，铺筑第一幅时，在靠路中央一侧用方木或钢模板作支撑。

第二，第一幅施工结束后，拆除方木或钢模板，铺筑第二幅。

（14）掉头处理

如果拌和机械或其他机械必须在已压成的水泥稳定土层上掉头，施工人员则应采取一定的措施，以保护掉头作业段。一般来说，可在准备用于调头的水泥稳定土层上，先覆盖一张厚塑料布或油毡纸，再铺上约10cm厚的土、砂或沙砾。掉头结束后，宜用平地机将塑料布或油毡纸上的大部分材料除去，再人工除去余下的材料，并收起塑料布或油毡纸。

2. 厂拌法施工

厂拌法是指在固定的拌和工厂或移动式拌和站拌制混合料，然后运送到施工现场进行铺筑的方法。

水泥稳定土基层采用厂拌法施工的主要工序有准备下承层、施工放样，拌和混合料，运输混合料，摊铺混合料，碾压，养护，接缝处理。

（1）准备下承层、施工放样

这两个步骤同水泥稳定土基层的路拌法施工。

（2）拌和混合料

施工人员在拌和混合料时，应注意以下四点。

第一，应准备好原材料（如水泥、土等），不同材料应分别堆放。

第二，为了保持连续摊铺，拌和站应满足现场摊铺设施的需求。

第三，在正式拌制混合料前，必须先调试所用的设备，找出各料斗闸门的开启刻度，以确保按设计配合比拌和混合料。

第四，拌和的混合料应达到以下标准：土块要粉碎，其粒径不得大于15mm；拌和应均匀；混合料含水量要略大于最佳值，以确保运到现场铺筑后的含水量不低于最佳值。

（3）运输混合料

混合料拌和好后，施工人员可将其直接从拌和机卸入自卸车，送到施工现场。运输混合料时，应覆盖自卸车上的混合料，以减少水分损失，运输的时间一般要限制在30分钟内。

（4）摊铺混合料

混合料运输到施工现场，施工人员即可进行摊铺，摊铺要点如下。

对于高速公路和一级公路，必须采用沥青混凝土摊铺机或稳定土摊铺机进行摊铺，摊铺时应注意以下三点。

第一，为避免纵向接缝，应尽量全断面一次摊铺成型。如果一台摊铺机的摊铺宽度不足，则应用两台摊铺机，一前一后相隔5～10m同步向前摊铺。

第二，摊铺机摊铺宜连续进行，如果拌和设备的生产力较小，则摊铺机应低速进行摊铺，以减少停机待料的情况。

第三，摊铺机后面应设专人消除粗细集料离析现象。

对于其他公路，施工人员可优先使用摊铺机进行摊铺。在没有摊铺机的情况下，可采用平地机按下列方式进行摊铺。

第一，根据铺筑层的厚度和要求达到的压实度，计算出每车混合料的摊铺面积。

第二，将混合料均匀地卸在路幅的中央，当路幅比较宽时，也可将混合料卸成两行。

第三，用平地机将混合料按松铺厚度摊铺均匀。

第四，平地机后面应设专人消除粗细集料离析现象。

（5）碾压

混合料摊铺后，施工人员即可进行碾压，碾压要点如下。

第一，采用摊铺机摊铺的混合料碾压时，宜先用轻型两轮压路机跟在摊铺机后及时进行碾压，后用重型振动压路机、三轮压路机或轮胎压路机继续碾压密实。

第二，采用平地机摊铺的混合料碾压时，其施工方法同前述的路拌法。

（6）养护

这个步骤同水泥稳定土基层的路拌法施工。

（7）接缝处理

下面主要介绍采用摊铺机摊铺混合料时的接缝处理，采用平地机摊铺混合料时的接缝处理同前述的路拌法。

①横向接缝处理。厂拌法施工时不宜中断，如果因故需要中断，且中断时间超过2小时，则施工人员应设置横向接缝，具体方法如下。

第一，摊铺混合料后，人工将末端修理整齐，然后放两根方木使其紧靠混合料，方木高度应与混合料厚度相等。

第二，方木的另一侧填筑沙砾或碎石，填筑长度约3m，高度应高出方木几厘米。

第三，将混合料碾压密实。

第四，在重新开始摊铺混合料之前，将沙砾或碎石、方木除去，并将下承层顶面清扫干净。

第五，摊铺机返回到已压实混合料的末端，重新开始摊铺。

②纵向接缝处理。摊铺机摊铺混合料时，施工人员应避免纵向接缝，如果无法避免，必须分两幅施工，并设置纵向接缝，按下列方式处理。

第一，摊铺第一幅时，在靠路中心的一侧用方木或钢模板作支撑。

第二，第一幅施工完成后，拆除方木或钢模板，摊铺第二幅。

（二）石灰工业废渣稳定土基层的施工

石灰工业废渣稳定土基层的施工方法也主要有路拌法和厂拌法两种。下面主要介绍二灰土基层的路拌法和厂拌法施工。

1. 路拌法

二灰土基层采用路拌法施工的主要工序有准备下承层、施工放样、备料，摊铺与轻压，拌和，整形，碾压，养护，接缝与掉头处理。

（1）准备下承层、施工放样

这两个步骤同水泥稳定土基层的路拌法施工。

（2）备料

当二灰土基层采用路拌法施工时，施工人员应主要准备粉煤灰、石灰、土料。备料要点如下。

第一，粉煤灰应含有足够的水分，以防扬尘。如果在堆放的过程中，部分粉煤灰凝结成块，则在使用时应将其打碎。

第二，石灰、土料的准备同石灰稳定土基层的路拌法施工。

（3）摊铺与轻压

备料完毕后，施工人员应先摊铺土料，并用两轮压路机碾压1～2遍；然后摊铺粉煤灰，并用两轮压路机碾压1～2遍；最后摊铺石灰，并用两轮压路机碾压1～2遍。在摊铺与轻压时，应注意以下三点。

第一，在下承层上摊铺第一层材料前，应洒水湿润。

第二，每层材料的松铺系数应通过试验确定。

第三，轻压后的每层材料应平整，并具有规定的路拱。

（4）拌和

第三层材料轻压之后，即可进行拌和。施工人员采用专用稳定土拌和机进行拌和时，宜先干拌1～2遍，再湿拌2～3遍；采用旋转耕作机与多铧犁（或平地机）相配合进行拌和时，宜先干拌2～3遍，再湿拌5～6遍。

（5）整形、碾压

这两个步骤同水泥稳定土基层的路拌法施工。

（6）养护

灰土基层碾压完成后的第二天或第三天，施工人员即可采用洒水的方法进行养护，养护要点如下。

第一，养护时间一般为7天。

第二，在养护期间，二灰土基层的表面应始终保持潮湿。

第三，在养护期间，除洒水车外，禁止其他车辆在二灰土基层上通行。

第四，分层施工时，下层碾压完毕后，可以立即铺筑上一层，不需要进行专门养护。

（7）接缝与掉头处理

这两个步骤同水泥稳定土基层的路拌法施工。

2. 厂拌法

石灰工业废渣稳定土基层也可以在中心站采用相关设备拌和混合料，然后运输至现场进行铺筑，即厂拌法。下面主要介绍二灰土基层的厂拌法施工。

二灰土采用厂拌法施工的主要工序包括准备下承层、施工放样、拌和混合料、运输混合料、摊铺混合料、碾压、养护、接缝处理等。这些施工工序基本同水泥稳定土基层厂拌法，施工人员还需要注意以下三点。

第一，拌和混合料时，所用土料粒径不应大于15mm；粉煤灰块粒径不应大于12mm，且通过9.5mm和2.36mm筛孔的量应分别大于95%和75%。

第二，拌和后的混合料应尽量在当天运送到铺筑现场。

第三，养护同二灰土基层的路拌法施工。

二、粒料基层施工

（一）级配碎石基层施工

级配碎石基层的施工方法有路拌法和厂拌法两种。

1. 路拌法

级配碎石基层采用路拌法施工的主要工序包括准备下承层、施工放样，备料，运输，摊铺，拌和，整形，碾压，接缝处理等。

（1）准备下承层、施工放样

这两个步骤同水泥稳定土基层的路拌法施工。

（2）备料

当级配碎石基层采用路拌法施工时，施工人员应主要准备碎石和石屑。在准备时应根据相关要求，计算出它们的配合比，进而确定碎石和石屑的用量。

（3）运输

准备好相关材料后，应将其运送至铺筑现场，具体要点如下。

第一，在运输前，应根据各路段基层或底基层的宽度、厚度及预定的压实度，计算出每车料的堆放距离。

第二，装料时，应使每辆车所装材料的数量基本相等。

第三，卸料时，在同一料场供料的路段内，宜按照由远及近的顺序卸料，并严格控制卸料距离，以免铺料过多或不够。

（4）摊铺

级配碎石基层的摊铺有以下两种情况。

当采用不同粒级的碎石和石屑时，施工人员应先摊铺大碎石，然后将中碎石摊铺在大碎石上，小碎石摊铺在中碎石上，最后洒水湿润碎石，将石屑摊铺在碎石上。

当采用未筛分的碎石和石屑时，施工人员应先摊铺碎石，然后在较潮湿的情况下，将石屑按计算距离卸置在碎石上，并摊铺均匀。

摊铺时，施工人员应注意以下三点。

第一，摊铺前，应通过试验确定松铺系数，并确定松铺厚度。

第二，摊铺时，可以采用人工，也可以采用机械（如平地机）。采用人工摊铺时，松铺系数宜为1.40～1.50；采用平地机摊铺时，松铺系数宜为1.25～1.35。

第三，摊铺后，应检验松铺厚度是否符合要求，必要时可进行减料或补料工作。

（5）拌和

摊铺完毕后，施工人员应进行拌和，使石屑均匀分布到碎石料中，拌和要点如下。

第一，对于二级和二级以上公路，应使用专用稳定土拌和机进行拌和，宜拌和两遍，拌和深度应到级配碎石底层。

第二，对于二级以下公路，应优先使用专用稳定土拌和机进行拌和。如果没有专用稳定土拌和机，则可使用圆盘耙与平地机（或多铧犁）相配合进行拌和，拌和时应注意以下两点：一是采用圆盘耙与平地机配合拌和时，宜拌和5～6遍；二是采用圆盘耙与多铧犁配合拌和时，宜拌和4～6遍。

（6）整形

拌和后，施工人员即可进行整形。整形时，首先用平地机进行初步整平；其次用拖拉机、平地机或轮胎压路机在初步整平的路段上快速碾压一遍，以暴露潜在的不平整之处；最后用平地机进行精确整形。

（7）碾压

整形后，当混合料的含水量等于或略大于最佳含水量时，施工人员即可采用压路机进行碾压。

碾压时，应注意以下四点。

第一，级配碎石可采用12吨以上的三轮压路机进行碾压，其每层压实厚度不应超过15～18cm；也可采用重型振动压路机或轮胎压路机进行碾压，其每层压实厚度不应超过20cm。

第二，碾压时，轮迹应重叠1/2轮宽。对于直线段，应由路两侧向路中心碾压；对于曲线段，应由内侧向外侧碾压。

第三，级配碎石基层一般需要碾压6～8遍，路的两侧可以多压2～3遍。对于前两遍，碾压速度宜为1.5～1.7km/h；对于后几遍，碾压速度宜为2.0～2.5km/h。

第四，在碾压过程中，如果级配碎石层含土，则应进行滚浆碾压，一直压到碎石层中无多余细土泛到表面为止。滚到表面的浆应清除干净。

（8）接缝处理

①横向接缝处理。级配碎石基层的横向接缝应采用搭接的方法，即第一段施工时，留5～8m部分不进行碾压；第二段施工时，与第一段留下的未压部分一起拌和，然后进行整形、碾压。

②纵向接缝处理。在一般情况下，施工人员应尽量避免纵向接缝。如果无法避免而必须分两幅铺筑并设置纵向接缝，则可采用搭接的方法进行处理，即第一幅全宽碾压密实；第二幅施工时，与第一幅边部（边部宽度约0.3m）进行搭接拌和，然后进行整形、碾压。

2. 厂拌法

级配碎石的混合料可在中心站采用多种拌和设备（如强制式拌和机、卧式双转轴桨叶式拌和机、普通水泥混凝土拌和机等）进行集中拌和，然后送往施工现场进行铺筑，即厂拌法。

级配碎石基层采用厂拌法施工的主要工序包括准备下承层、施工放样，备料，拌和混合料，运输混合料，摊铺混合料，整形，碾压，接缝处理等。

（1）准备下承层、施工放样

这两个步骤同水泥稳定土基层的路拌法施工。

（2）备料

当级配碎石基层采用厂拌法施工时，施工人员应主要准备碎石和石屑等原料。在准备时，应注意将不同粒级的碎石和石屑进行隔离，分别堆放，以便准确地将各种原料进行混合。

（3）拌和混合料

拌和混合料时，施工人员应注意以下三点。

第一，在拌和前，必须先调试拌和设备，以确保拌和的混合料颗粒组成和含水量达到规定的要求。

第二，拌和设备应与摊铺设备的生产能力相匹配。

第三，拌和时，应严格控制混合料的含水量，使其略高于最佳含水量，以补偿施工中的水分损失。

（4）运输混合料

拌和好后，施工人员应将级配碎石混合料从拌和设备直接卸入自卸汽车，并送往施工现场进行铺筑，运输时应注意以下三点。

第一，应覆盖车上的混合料，以防水分蒸发和污染沿线环境。

第二，运输时间应尽量控制在30分钟内。

第三，运输能力与拌和能力应相适应，以保证施工的连续性。

（5）摊铺混合料

第一，对于高速公路和一级公路，应采用摊铺机进行摊铺，其施工方法同水泥稳定土基层的厂拌法施工。

第二，对于二级和二级以下公路，应优先采用摊铺机进行摊铺。如果没有摊铺机，则可采用平地机进行摊铺，其摊铺步骤大致如下。

一是自卸汽车将混合料均匀地卸在路幅中央。路幅宽时，可将混合料卸成两行。

二是用平地机将混合料按照要求的松铺厚度摊铺均匀。

三是设一个三人小组跟在平地机后面，及时消除粗细集料离析现象。

（6）整形、碾压

这两个步骤同级配碎石基层的路拌法施工。

（7）接缝处理

①横向接缝处理。

第一，当采用摊铺机摊铺时，施工人员应在第一天摊铺混合料的末端留一部分不进行压实，与第二天摊铺的混合料一起碾压，但应注意检测此部分混合料的含水率是否符合要求，不符合时，可进行人工补充洒水。

第二，当采用平地机摊铺时，接缝处理同级配碎石基层路拌法施工。

②纵向接缝处理。一般来说，施工人员应尽量避免纵向接缝，如果不能避免纵向接缝，则可按下列方式进行处理。

第一，第一幅摊铺时，在靠路中心的一侧用方木或钢模板作支撑。

第二，第一幅施工完成后，拆除方木或钢模板，铺筑第二幅。

（二）填隙碎石基层施工

填隙碎石的施工方法有干法和湿法两种，施工工序都主要包括准备下承层、施工放样，备料，运输，摊铺粗碎石，初压粗碎石，撒布石屑，振动碾压，再次撒布石屑，再次碾压，洒水与碾压等。这两种方法的施工内容基本相同，唯一区别是最后一道工序的施工内容不同。

1. 准备下承层、施工放样

这两个步骤同水泥稳定土基层的路拌法施工。

2. 备料

填隙碎石基层施工应主要准备粗碎石和石屑。施工人员在准备时应根据各路段基层或底基层的宽度、厚度和松铺系数，计算出各路段需要的粗碎石用量，进而确定石屑用量（石屑用量为粗碎石用量的30%～40%）。

3. 运输

这个步骤同级配碎石基层的路拌法施工。

4. 摊铺粗碎石

施工人员应用平地机或其他合适的机具，将粗碎石均匀地摊铺在预定的宽度上。摊铺后的表面应平整，有规定的路拱，松铺厚度应符合规定。

5. 初压粗碎石

摊铺粗碎石后，施工人员应用8吨两轮压路机碾压3～4遍，使粗碎石稳定就位。

6. 撒布石屑

初压粗碎石后，施工人员应用石屑撒布机将干燥的石屑均匀地撒铺在已压稳的粗碎石层上，松铺厚度约为2.5～3.0cm，必要时可用人工或机械扫匀。

7. 振动碾压

撒铺石屑后，施工人员应用振动压路机慢速碾压，将石屑全部振入粗碎石的空隙中。

8. 再次撒布石屑

施工人员应用石屑撒布机将干燥的石屑再次撒铺在粗碎石层上，松铺厚度约2.0～2.5cm，必要时可用人工或机械扫匀。

9. 再次碾压

施工人员应用振动压路机再次碾压。在碾压过程中，对于局部石屑不足之处，施工人员应用人工进行找补；对于局部多余石屑，施工人员应用人工进行扫除。

10. 洒水与碾压

（1）干法施工

①洒水。当粗碎石层表面孔隙全部被填满后，施工人员应在表面洒少量水。

②碾压。洒水后，施工人员应用12～15吨三轮压路机碾压1～2遍。

（2）湿法施工

①洒水饱和。当粗碎石层表面孔隙全部被填满后，施工人员应用洒水车进行洒水，直到饱和，但应注意避免多余水浸泡下承层。

②碾压滚浆。洒水时，施工人员应使12～15吨三轮压路机跟在洒水车后进行碾压，直到石屑和水形成粉砂浆为止。

③干燥。碾压滚浆完成后，施工人员应让水分蒸发一段时间，待表面变干后，将多余的石屑扫除干净。

第三节　道路附属工程施工

一、路缘石施工

（一）路缘石的基础理论

路缘石是指铺设在路面边缘或标定路面界线的界石，也被称为道牙或缘石。路缘石主要有平缘石、立缘石和专用路缘石三种。

（二）施工

路缘石的施工工序主要包括基础施工、施工放样、安装路缘石、回填石灰土、勾缝等。

1. 基础施工

路缘石的基础施工应与路基施工同时进行。

2. 施工放样

基础施工后，施工人员应校核路面中线，然后在路面边缘放出路缘石安装边线，并钉立边桩，在边桩上标出路缘石顶面标高，最后沿路缘石外侧挂线，挂线高度应与路缘石顶面标高一致。

3. 安装路缘石

钉桩挂线后，施工人员应先用水泥砂浆铺底调平，然后按照挂线依次安装路缘石。直线段的路缘石要直顺，曲线段的路缘石要圆顺，顶面要平整。

4. 回填石灰土

路缘石安装完毕后，其外侧用土回填夯实，一般宜用体积比为2：8的石灰土回填，填土宽度应不小于30cm，高度不小于15cm，其轻型击实标准的压实度应大于90%。

5. 勾缝

石灰土回填完毕后，施工人员应修整路缘石，使其位置及标高符合设计要求，然后对路缘石进行勾缝。勾缝时，应首先将路缘石缝内的土及杂物清理干净，并用水湿润；其次用水泥砂浆灌缝，并用弯面压子或圆钢压成凹形；最后，待水泥砂浆初凝后，将多余的水泥砂浆清理干净，并洒水养护，养护时间应不少于3天。

二、检查井施工

（一）概述

检查井是为了便于安装、维修城市地下基础设施（如供电、给水、排水、排污、通信、煤气管、路灯线路等）而设置的竖井，其一般设在管道交会处、转弯处、管径或坡度改变处，以及直线管段上每隔一定距离处。

（二）施工

检查井的施工工序主要包括基础施工、井身施工、井周回填与压实、井圈施工、井盖安装等。

1. 基础施工

检查井的基础施工内容一般为：先整平地基，然后支设模板、浇筑混凝土垫层，垫层的混凝土强度等级应不小于C15，厚度应不小于15cm，宽度宜大于井身10cm以上。

2. 井身施工

基础尺寸和高程符合要求后，施工人员即可进行井身施工。检查井的井身一般有预制混凝土井身和砖砌井身两种。

如果条件允许，则施工人员应优先采用预制混凝土井身，其能有效减少施工周期，并且结构强度较高。预制混凝土井身施工时，直接吊装就位即可。

如果条件不允许，则施工人员可采用砖砌井身，施工要点如下。

第一，砌筑前，应将基础清理干净。

第二，基础清理干净后，即可铺筑砂浆，砌筑砖。砌筑时，施工人员应注意使砖缝隙间的砂浆饱满，上、下两层砖的竖缝错开。

第三，若检查井有管道接入，则应使管道与井身连接处的缝隙填充严密，从而防止漏水、渗水。

第四，砌筑完毕后，应按照设计要求对井壁进行抹面，抹面材料宜为防水的水泥砂浆。

3. 井周回填与压实

井身砌筑完毕后，只有当水泥砂浆强度达到设计要求后，施工人员方可选择合适的材料回填检查井的周边，并压实，具体要点如下。

第一，井周回填应与管道沟槽的回填同时进行，若不能同时进行，则施工人员应留台阶形接茬。

第二，当管道沟槽内每一层回填土压实成型后，应人工将井周40cm范围内的松土挖去，换填上预先拌制好的石灰土，然后压实，使石灰土与井壁紧贴。

第三，井周回填与压实应沿井身中心对称进行。

4. 井圈施工

为了使井盖与井身有较好的连接，施工人员应在井身顶部设置井圈。

5. 井盖安装

井盖安装通常是在路面面层施工完毕后进行的。路面面层施工时，检查井可采用临时钢板进行覆盖，并与道路一起摊铺碾压。路面面层施工完毕后，施工人员应根据井盖大小反挖面层，去掉临时钢板，然后将井盖放置在井圈上，并调至标高位置，最后填充压实周边。

三、雨水口及雨水口支管施工

（一）雨水口施工

雨水口是将路表水排入地下管渠的构筑物，其根据水箅布置的形式不同，可分为平式、立式和联合式三种。

雨水口的施工步骤大致如下。

第一，应根据设计图纸，定出雨水口的位置，打出定位桩，并定出雨水口标高。

第二，应按照雨水口定位线开挖基槽。

第三，开挖完毕后，应清理槽底，并夯实。

第四，槽底夯实后，浇筑混凝土垫层（厚度约10cm），并进行养护。

第五，混凝土垫层达到一定强度后，铺筑砂浆，砌筑墙身。砌筑墙身时，要进行挂线，以确保墙身垂直。

第六，墙身砌筑到一定高度时，应用砂浆进行抹面，抹面要光滑平整、不起鼓、不开裂。

第七，抹面达到规定强度时，应及时回填墙外，一般采用碎砖灌水泥砂浆回填，也可采用水泥混凝土回填。回填必须密实，以防墙周路面产生局部沉陷。

第八，当墙身砌筑至支管顶时，应使管口与墙壁内口平齐，并用水泥砂浆将管口与墙壁勾抹严实。

第九，当墙身砌至设计标高时，应安装井座和井箅。安装时，墙身顶面应用水冲刷干净，并铺水泥砂浆，按照设计标高找平。井箅安装就位后，其周围用水泥砂浆嵌牢。

第十，雨水口砌筑完毕后，应及时将井内碎砖、砂浆等杂物清理干净。

（二）雨水口支管施工

雨水口支管是将雨水口汇集的水输入排水管道的引水支管。

雨水口支管的施工工序主要包括施工放样、沟槽开挖、垫层施工、管道铺设、沟槽回填与压实等。

1. 施工放样

施工人员应根据设计图纸，定出雨水口支管位置，打出控制桩，并标出设计标高，然后用石灰线放出开挖沟槽的边线。

2. 沟槽开挖

施工放样后，施工人员应采用反铲挖掘机开挖沟槽，直至接近标高，然后采用人工挖至标高，并进行槽底修整。

3. 垫层施工

验槽合格后，施工人员便可浇筑混凝土垫层。垫层表面应平整、厚度应均匀，厚度和宽度应符合设计要求。

4. 管道铺设

垫层达到一定强度后，施工人员即可铺设管道，铺设要点如下。

第一，铺设前，应对管材质量进行逐项检查，清除管内杂物。

第二，铺设时，可采用吊车吊装下管，人工辅助对位。

第三，接口可采用承插式接口，大口须置于上游，小口插入深度应不小于

20cm。承插处应设置橡胶密封圈，防止管道漏水。

第四，接口安装完毕后，应采用水泥砂浆抹面，并养护至达到设计要求。

5. 沟槽回填与压实

管道铺设完毕后，应对沟槽进行回填与压实。

四、人行道施工

人行道为道路两侧、公园中供人行走的设施，它是道路的重要组成部分，随着社会的发展，它还被赋予了更多的功能，如疏导交通、美化环境等。

同主体道路一样，人行道的结构一般也分为路基、基层和面层等三部分，其施工工序主要包括基槽施工、基层施工和面层施工三大部分。

（一）基槽施工

人行道的基槽施工内容主要有施工放样、基槽开挖与整平。

1. 施工放样

人行道施工的放样工作主要是放出人行道边线和标高。

放线时，施工人员应每隔一定距离设一桩。对于直线段，应每隔10m设一桩；对于曲线段，应适当加密。标高可标记在桩上，或者建筑物上。

2. 基槽开挖与整平

施工放样后，施工人员应根据现场情况开挖基槽，开挖接近标高时，进行找平碾压，达到设计要求后，再修整至设计标高。

（二）基层施工

人行道的基层施工与前面介绍的路面基层施工基本相同，在此不再赘述。

（三）面层施工

人行道采用的面层主要有沥青混凝土面层、水泥混凝土面层、水泥砖面层、料石面层等，下面主要介绍这些面层的施工。

1. 沥青混凝土面层施工

人行道采用沥青混凝土面层时，其施工工序主要包括施工准备、摊铺和碾压等。

（1）施工准备

施工准备工作主要包括以下四个方面。

第一，施工人员应将基层清理干净。

第二，施工人员应覆盖路缘石及构筑物，以防污染。

第三，施工人员应用沥青撒布机浇洒透层沥青。

第四，与面层沥青混凝土接触的路缘石、井壁、接槎等部位应涂刷一层黏层沥青，以便接合。

（2）摊铺

摊铺方法同前面介绍的热拌沥青混凝土施工，但需要注意以下三点。

第一，人行道的沥青混凝土面层厚度应不小于3cm，一般为单层式施工。

第二，运输到摊铺现场的沥青混合料温度应不低于145℃。冬季运输时，施工人员应注意采取保温措施。

第三，人工摊铺时，施工人员应计算用量，分段卸料，松铺系数宜为1.2～1.3，摊铺过程中应注意轻拉慢推，粗细均匀，不使大块料集中。

（3）碾压

摊铺后，施工人员应采用压路机进行碾压，使用大型压路机困难时，可采用小型振动压路机或者手扶平板式振动压实机。不能使用压实机具时，可人工夯实。在碾压过程中，应注意不要破坏其他构造物。

2. 水泥混凝土面层施工

人行道采用水泥混凝土面层时，其施工工序主要包括清理基层、支设模板、摊铺、振捣、收面、养护和切缝等。

（1）清理基层

在施工前，施工人员应将基层清理干净，并洒水湿润。

（2）支设模板

基层清理干净后，施工人员应支设模板，并将模板内部清理干净，涂刷隔离剂。

（3）摊铺

模板支设好后，施工人员便可摊铺水泥混凝土。摊铺水泥混凝土时，应注意以下三点。

第一，摊铺的水泥混凝土应拌和均匀。

第二，摊铺厚度应不小于10cm，摊铺系数宜为1.10～1.15。

第三，摊铺后，表面应大致平整，不得有明显的凹陷。

（4）振捣

摊铺后，施工人员可采用振动器进行振捣，振捣宜均匀并缓慢地进行，并且不能间断。

（5）收面

振捣完毕后，施工人员宜采用抹平机对水泥混凝土面层进行收面。

（6）养护

收面后，施工人员即可采用洒水或覆盖塑料薄膜的方法进行养护。养护期间，人行道应禁止通行及堆放重物。

（7）切缝

养护完成后，施工人员可根据设计间距进行切缝。

3. 水泥砖面层施工

水泥砖是指以水泥和集料为主要原材料，经加压制成的砖块，可用于铺设人行道。人行道采用水泥砖面层时，其施工工序主要包括测量放样、拌制砂浆、修整基层、铺筑砂浆、砌筑水泥砖、灌缝和洒水养护等。

（1）测量放样

测量放样主要包含以下三个方面。

第一，施工人员应按照设计图纸复核人行道边线和标高。

第二，如果人行道有路缘石，则施工人员应在路缘石边设定砌筑水泥砖的基准点（即砌筑起始点），然后根据砌筑的方向，通过基准点设置两条互相垂直的基准线。如果顺着路缘石砌筑，则路缘石即为一条基准线；如果采用人字形砌筑，则基准线与路缘石夹角为45°。

第三，施工人员应根据基准点及基准线，用经纬仪测量，打方格，并以对角线检验方正。打方格时要把缝宽计算在内。

（2）拌制砂浆

砌筑水泥砖需要采用砂浆，一般为石灰砂浆或水泥砂浆。施工人员在砌筑前要拌制砂浆，拌制时要确保原料的配合比准确，拌和后的砂浆和易性要好。

（3）修整基层

在砌筑水泥砖前，施工人员还需要对基层表面进行复查，对凹凸不平之处进行修整。当低处不高于1cm时，可用砂浆填补；当高处高于1cm时，应将基层刨去5cm，凹凸不平之处应用与基层相同的材料填平拍实，或用细石混凝土填补。

（4）铺筑砂浆

基层修整后，施工人员应对其进行清理并洒水湿润，然后铺筑砂浆，用刮板找平，砂浆的铺筑厚度通过试验确定。

（5）砌筑水泥砖

铺筑完砂浆后，施工人员应立即砌筑水泥砖。砌筑水泥砖时，应注意以下五点。

第一，第一行砖应根据基准线、规定缝宽进行砌筑，并以此挂纵线、横线，然后纵线不动、横线平移，按照第一行砖依次砌筑其他位置的砖。

第二，砌筑时，对于直线段，施工人员应沿纵线顺延砌筑，并保持纵缝直顺；对于曲线段，施工人员可以砌成扇形，也可以按照直线顺延砌筑，然后在边缘处用水泥砂浆补齐。

第三，砌筑时，砖要轻放，并用木槌或橡胶锤轻捶砖的中心位置，使砖平铺在密实的砂浆上，并且稳定、无动摇、无空隙。

第四，砌筑时，水泥砖要与路缘石衔接紧密。

第五，在砌筑的过程中，质检员应跟踪检查，如果发现不符合检验规范要求的部位，施工人员应及时进行修整。

（6）灌缝

水泥砖砌筑完毕后，施工人员应采用水泥细砂干浆进行灌缝，具体步骤是：首先在水泥砖表面均匀地撒铺一层砂浆；其次用扫帚或板刷将砂浆扫入缝中；最后用小型振动碾压机振实或采用浇水灌实。

（7）洒水养护

灌缝结束后，施工人员应及时洒水养护。

4. 料石面层施工

料石面层是指采用料石（如花岗岩）铺筑的人行道面层，料石宜为条石或块石。条石宜铺设在水泥砂浆层上；块石宜铺设在砂垫层上。

条石面层的施工流程为：准备工作→施工放样→试排→铺筑水泥砂浆层→砌筑条石→灌缝→养护。

块石面层的施工流程为：准备工作→施工放样→试排→铺筑砂垫层→砌筑块石→灌缝→养护。

条石面层和块石面层的施工方法与水泥砖面层基本相同，但块石面层施工时还应注意以下三点。

第一，铺筑砂垫层时，施工人员宜先松铺5～20cm，并用耙子耙平，然后边铺筑砂垫层，边砌筑块石。

第二，砌筑块石时，块石的平整大面应朝上，块石应嵌入砂垫层，嵌入深度为块石厚度的1/3～1/2。

第三，如果没有设置路缘石，则块石面层的边缘部位应砌筑细石混凝土来进行止挡，或者采用水泥砂浆黏结块石来进行固定。

5. 特殊部位施工

（1）树穴

对于树穴部位，施工人员应注意以下四点。

第一，面层施工时，应按设计要求间隔和尺寸留出树穴。

第二，树穴与路缘石要方正衔接。

第三，树穴边缘按设计要求用水泥混凝土预制块、水泥混凝土路缘石或大理石等围成，尺寸、高程按设计要求确定。

第四，人行横道线处、公共汽车站处不设树穴。

（2）相邻建筑物

人行道与建筑物相邻时，施工人员应尽量顺接，不得反坡，并留出人行道缺口。如果人行道与相邻建筑物具有较大高差，则应设置踏步。

（3）电线杆、检查井

对于电线杆、检查井部位，施工人员应注意以下两点。

第一，面层施工时，应注意与电线杆、检查井连接平顺。如果是水泥砖或料石面层，则应将其切割规整。

第二，面层应与检查井的井盖持平。

第三章　桥梁隧道工程建设施工

第一节　市政桥梁工程建设施工

一、桥梁桩基施工技术

（一）桥梁桩基施工技术的实施

1. 开挖灌注桩

在开挖灌注桩时，施工人员一定要遵循设计图纸的要求，规范地进行施工。尤其是前期的测量放样，要准确找出孔桩所在的中心位置，对桩位进行准确的定桩。在开挖桩孔的时候，如果桩与桩之间的距离不大，最好选择间隔开挖的方法进行施工，对第一节井圈的中心线和设计轴线的偏差进行严格的控制。

2. 钢筋笼施工

（1）钢筋笼的制作

在对钢筋进行支架定位的施工当中，施工人员一定要准确地找好钢筋之间的距离，确保每个钢筋都是平均分布的，间距要保持在要求的范围内。在完成钢筋焊接的施工中，定位圈的焊接可以在钢筋笼的内部进行。

（2）钢筋笼的安装

在进行施工之前，施工人员应该检查孔内是否有残渣，或者是否有塌陷的地方。在确保了质量以后，才可以安装钢筋笼。在此过程中，施工人员还要特别注意钢筋笼的搬运工作，尽可能避免其形状发生变化，安装的时候应该将位置对准，并且迅速地将钢筋笼对准孔内，缓慢地放进去，尽量不要触碰孔壁，防止孔壁发生变形。

（二）桥梁桩基施工技术的要点

1. 桩基灌注施工技术的要点分析

在桩基灌注施工的过程中，施工技术的控制要点主要体现在两个方面：第一，在桩基灌注之初，施工人员要将适量的缓凝剂加到混凝土当中，及时地进行导管掩埋深度测量，保证灌注速度和灌注量处于适当水平；第二，整个施工一定要按照规范的要求进行，严格控制埋管深度。

2. 桩基钻孔施工技术的要点分析

在桩基钻孔施工的过程中，施工技术的控制要点体现在三个方面：第一，施工人员在钻孔之前一定要认真地对钻机底座进行检查，确保稳定；第二，在钻孔之前要了解地貌变化情况，进行有效的事前控制，结合实际情况选择合适的钻孔方法；第三，一旦出现了钻孔倾斜的问题，要及时进行原因分析，并做好加固工作。

二、预应力施工技术

随着经济的发展，城市的交通量增加，为了保证桥梁的正常通行，建设单位需要对桥梁结构进行加固，而预应力施工技术在桥梁加固中得到了很好的应用。预应力施工技术的应用，能够很好地对桥梁的实际结构进行加固，并且能够优化桥梁的部分结构。通过优化和加固的桥梁，可以减少混凝土的应变程度，进而产生较好的压应力。桥梁在受到荷载的作用时，能够通过压应力来抵消拉应力，降低各种荷载对桥梁产生的不利影响。

（一）预应力施工技术在多跨连续桥梁施工中的应用

多跨连续桥梁是市政桥梁建设中的主要桥梁结构类型，因为其自身的特点，多跨连续桥梁结构中会产生弯矩，这将会影响桥梁支座部位和中间部位的稳定性，如果处理不当，将会影响整座桥梁的稳定性。应用预应力施工技术，能够解决这一问题。在正弯矩和负弯矩钢筋连接的位置使用碳纤维材料来简化施工程序，并且在桥梁负弯矩和正弯矩的部位借助预应力施工技术进行加固，可以保证桥梁的稳定性。采用这一技术，还能够有效预防裂缝产生，提升桥梁的抗弯能力，一举两得。

（二）预应力施工技术在桥梁弯矩施工中的应用

在市政桥梁建设中，受弯构件是整个结构当中的重要组成部分。如果在桥梁投入使用之后，其应力或者压力超出桥梁本身能够承受的限值，桥梁的弯曲构件就会断裂，进而影响桥梁的使用性能和使用寿命。为了避免这种现象发生，延长桥梁的使用寿命，在施工中，可以采用预应力施工技术，对弯矩构件进行加固。加固时，可以选择强度较高的碳纤维材料。

（三）预应力施工技术在混凝土结构施工中的应用

市政桥梁施工中应用预应力施工技术，经常会出现一定的问题，裂缝就是较为突出的问题。通常，裂纹在预应力施工之前就已经产生了，裂缝是钢筋混凝土结构施工中不可避免的问题。裂缝的产生主要是因为温差较大，合理地控制温差能够减少裂缝。

预应力施工技术在混凝土结构中的应用能有效控制施工裂缝的产生。其核心原理是通过预先在混凝土结构受拉区施加压应力，形成预应力储备。当结构承受外部荷载时，这些预压应力会先抵消部分拉应力，从而延缓混凝土开裂并缩小裂缝宽度。

（四）预应力施工技术在桥梁施工中应用的具体对策

将预应力施工技术应用到桥梁施工当中，为了最大限度地发挥其优势，施工人员需要注意以下三点。

1. 根据施工要求选择恰当的钢绞线

在桥梁工程施工之前，施工人员和现场的技术人员需要沟通合作，全面了解桥梁工程的信息，对于桥梁的结构、选择的技术、施工设备、施工材料等数据信息都要十分清楚。同时，要在施工前选择恰当的钢绞线。选择时，要考虑经济实用和美观方便的要求，以便更好地突出桥梁设计的特点。低松弛钢绞线有着实用性能强、工程造价低的优势，所以在将预应力施工技术应用到桥梁施工过程中时，低松弛钢绞线也得到了非常广泛的应用。同时，施工人员需要以桥梁工程的实际要求为出发点，并结合其延伸率、松弛率和其他几何参数，以选择最佳的钢绞线。

2. 正确分析预应力的影响

在将预应力施工技术应用到桥梁工程项目的施工建设当中时，为了更好地发挥其作用，施工人员必须正确分析预应力的影响，只有这样才能更好地应用预应力施工技术。施工人员和设计人员要进行交流，现场技术人员要结合不同数据和信息进行分析，制作出大致的框架分布图，对桥梁工程的预应力进行综合全面的分析，并针对现场的问题设计应急预案，分析应急预案的科学性和可行性。

3. 合理选择施工工艺

预应力施工技术可以分为先张法预应力施工技术和后张法预应力施工技术。在实际施工中，施工人员要根据具体情况选择恰当的施工技术。以后张法预应力施工技术为例，在支架和模板施工中，施工人员一般会应用这一技术。由于许多市政桥梁工程建设区域地质不稳定，地基的承载力不能满足要求，施工人员在施工时可以采用钻孔灌注桩施工技术，先浇筑混凝土横梁，之后合理搭设碗扣支架。模板安装则需要按照程序规定进行操作。

预应力施工技术的应用，有效地提升了桥梁结构的稳定性，保障了桥梁的质量和使用性能。随着技术的发展，预应力施工技术也在逐步地完善，其在路桥工程中的应用也越来越广泛。为了更好地发挥其作用，施工人员必须深入研究预应力施工技术的应用特点，并结合工程实例科学地进行分析。

三、市政桥梁施工机械化与智能化控制

（一）桥梁施工机械化与智能化发展

如今，桥梁施工作业的集约化、规模化程度不断提高，传统、低效、半机械化的各种加工设备已不能适应现代施工要求。工厂化、规模化、标准化、精细化、便捷化、高效化、智能化对桥梁施工机械设备提出了更高的要求。大型、特种、专用工程机械和技术含量高、能耗低、功能完善、操作维护简单的产品不断出现，桥梁施工设备升级换代速度加快，设备品种、应用不断丰富。

（二）桥梁机械化施工

1. 先进设备的引进

随着我国桥梁建设事业的迅速发展，桥梁施工设备向集成化、自动化、智能化方向发展，一些先进设备得到了应用和推广。施工机械化程度，对工程建设的投资控制、进度控制和质量控制起着十分重要的作用。许多桥梁工程项目按照标准化、精细化、专业化施工要求，引进了先进的钢筋加工设备、大跨径现浇连续梁施工设备、双导梁架桥机、三辊轴振动整平机以及一些精细化施工采用的先进小型设备。

2. 先进设备的应用

（1）钢筋加工设备

钢筋是桥梁建设过程中必不可少的材料之一，为适应桥梁建设需要，许多桥梁工程项目按照标准化、精细化施工要求，大力推行钢筋工厂化、机械化、专业化加工，确保在半成品制作规范、合格的前提下采用先进安装工艺，消除钢筋骨架尺寸不合格、保护层难以控制、钢筋制作安装质量低的问题。

桥梁施工中采用了几种新型的钢筋加工设备，如数控钢筋调直切断机、数控弯曲中心、数控钢筋弯箍机、全自动钢筋笼滚焊机、钢筋直螺纹连接设备等。这些设备提高了钢筋加工的效率、精度，减少了对钢筋原材的损耗。

①数控钢筋调直切断机。数控钢筋调直切断机用于盘条钢筋调直、钢筋切断。

工作原理：盘条钢筋在牵引机构的送进过程中，通过外部辊轮式预矫直和内部筒式回转调直机构被调直，然后由切断机构定尺切断。

施工人员在使用时，首先要设定好加工长度和数量；其次由系统自动进行加工，自动定尺、自动切断、自动收集、自动计数。GT-12数控钢筋调直切断机的标示图标简单明了，显示屏输入，操作简单，容易掌握；调直效率高，平均每分钟可调直约180m；定尺长度误差可控制在1mm以内，调整精度可控制在1mm/m以内，调直精度高；具有自动监控、自动报警系统，便于故障查找和排除，加工可靠性高。

②数控弯曲中心。数控弯曲中心用于加工棒材钢筋，由原材输送台、弯曲主机、导轨、成品收集架四部分组成，可一次性加工多根同规格的钢筋。首先，施工人员要将弯曲尺寸输入操控中心；其次，主机开始工作，自动进行定位、弯曲，完成后将成品自动收集到指定位置。

数控弯曲中的自动化程度高，精确的齿条定位系统能提高弯曲长度、弯曲角度的精确度。数控弯曲中心能够自动计数，大大降低了劳动强度，提高了钢筋加工精度和工作效率。可视化故障报警功能使设备管理更加便捷。

③数控钢筋弯箍机。数控钢筋弯箍机主要用于冷轧带肋钢筋、热轧三级钢筋、冷轧光圆钢筋和热轧盘圆钢筋的弯钩与弯箍。桥梁工程钢筋加工中数量最多的就是各种箍筋，对钢筋骨架整体成型效果影响最大的也是箍筋。普通弯箍机加工效率低、精度低，不能满足现在高标准的桥梁施工要求。因此，许多项目在钢筋制作中采用了数控钢筋弯箍机来进行箍筋的工厂化加工。

④全自动钢筋笼滚焊机。全自动钢筋笼滚焊机由主盘旋转、推筋盘推筋、扩径机构移动、焊接机构移动四部分传动系统组成，并由各自独立的电机进行驱动。施工人员要预先设定制作参数，采用机械旋转，主筋和盘筋缠绕紧密，间距比较均匀。先成型后加内箍筋，确保钢筋笼同心度满足规范要求。一次性焊接成型，加工精度高，速度快。

全自动钢筋笼滚焊机配套有螺旋箍筋调直机，在主筋下料完成后，能自动完成主筋和螺旋筋的上料、定位与安装工作，且相邻两节钢筋笼主筋能同时定位，能保证钢筋笼拼装的准确性。

传统施工工艺加工钢筋笼多采用人工和辅助工具进行主筋固定、螺旋筋缠绕及焊接，加工效率低，劳动强度大。由于是人工操作，加工精度相对难以控制，很大程度上取决于工人的加工经验、水平和业务素质。

在使用全自动钢筋笼滚焊机施工时，箍筋不需搭接，与手工作业相比节省了1%的材料，降低了施工成本。由于采用的是机械化作业，主筋、螺旋筋的间距均匀，钢筋笼直径一致，质量稳定可靠。由于主筋在其圆周上分布均匀，多个钢筋笼搭接时很方便，既满足规范要求，又节省了吊装时间。使用全自动钢筋笼滚焊机加工钢筋笼保障了施工质量，提高了工效，降低了成本。

⑤钢筋直螺纹连接设备。钢筋的连接方式有三种：绑扎连接、焊接和机械接头连接。绑扎连接仅在钢筋构造复杂、施工困难时采用；焊接对焊工的技术要求

高，需要较多的电焊机，且花费时间较长，高空焊接时操作困难，无法适应现在又快又好地作业的要求；机械接头连接工艺有锥螺纹连接、套筒挤压连接、直螺纹连接（镦粗直螺纹连接、滚压直螺纹连接、剥肋滚压直螺纹连接）。精细加工丝头是钢筋直螺纹连接接头质量的根本保证。

以剥肋滚压直螺纹连接设备为例，其操作工艺为：首先将切好的钢筋端头夹紧在设备上，利用滚丝头前端同轴组合飞刀对钢筋的纵横肋进行切削，使钢筋滚压螺纹部分的直径和长度满足滚压直螺纹的要求，然后利用控制器使飞刀张开，螺纹滚丝头随即跟进滚压螺纹，形成丝头。

套筒与丝头的咬合是否密贴也是影响钢筋直螺纹连接质量的因素，所以，施工人员在加工丝头前要对钢筋端头进行切平，保证钢筋端面与钢筋轴线垂直。加工好的丝头要进行打磨去刺，磨平端面，确保与套筒连接时咬合密贴。

钢筋直螺纹连接设备及工艺的特点：操作简便、施工效率高、丝头强度高、连接质量稳定、节约钢材、经济、安全。

⑥钢筋存放、吊装设备。钢筋加工棚采用轻型钢结构彩钢瓦进行搭设，顶面和两侧墙设有透光瓦，以提高光线度。钢筋加工棚设有钢筋原材区、加工区、半成品区和成品区，分类堆放，编码整齐，清晰有序，有利于管理。显眼处挂有统一规格标示牌，成品、半成品的标示牌包含钢筋规格型号、设计大样图、用途、质量、状态等信息，便于查找选用，避免出现查找难、尺寸和规格不相符等管理通病。棚内设两台5吨龙门吊，用于钢筋原材装卸和半成品调运。

（2）大跨径现浇连续梁施工设备

①混凝土运输车。施工人员在浇筑大方量混凝土之前必须对混凝土运输车进行检查，确保车况良好，混凝土运输车配置数量根据混凝土浇筑方量确定。为保证混凝土的供应质量，混凝土自搅拌机中卸出后，要及时运至浇筑地点，路途中不得耽搁。在运送混凝土时，搅拌筒转速应控制在2～5r/min，总转数控制在300r内。若混凝土的运输距离较长或坍落度较大，施工人员在出料前应先将搅拌筒快速转动5～10r，使里面的混凝土能充分搅拌，这样出料的均匀性就会大大提高。在运输过程中要保持混凝土的均匀性，避免分层离析、泌水、砂浆流失和坍落度变化等现象发生。

②汽车泵。汽车泵型号要根据桥梁长度和两侧施工空间确定。泵送对混凝土和易性（流动性、保水性、黏聚性）要求较高，混凝土的泌水率要符合要求，否

则容易引起混凝土在泵送过程中发生堵泵现象。对于高标号混凝土，坍落度只有在200mm左右才能满足泵送要求，坍落度也不能过大，否则容易发生离析，并且会堵泵。此外，泵送混凝土对材料的级配有一定的要求，要求砂、石料的级配比较好。因此，一般泵送混凝土会加入一定量的泵送剂，改善混凝土的和易性，使混凝土能顺利从泵管中输出。

汽车泵在现浇混凝土中的应用，缩短了施工时间，避免了施工缝的产生，节省了运送过程产生的附加成本，减少了混凝土浪费；泵送可以保持混凝土中的水分，保证浇筑质量；采用手持操作器，一个人就可以指挥泵送杆进行操作，可大量节省浇灌时的人力。汽车泵具有布料方便、泵送量大、便于施工的特点，目前在大体积、高空作业的现浇混凝土施工中被普遍采用。

③钢绞线穿索机。钢绞线穿索机由机械进行传动，滚轮夹持钢绞线进行传送，可以前进，可以后退，可以连续传送，也可以电动传送，由人工手动控制按钮进行操作。钢绞线穿索机在穿束前只需要人工搭设好操作平台，操作方便，效率高，穿束质量好，是长跨径连续梁预应力钢绞线穿束的理想设备。以往的人工穿束最少需要5～6人进行作业，采用穿索机只需2人便可完成穿束工作，大大降低了劳动强度，节约了人力资源。

（3）双导梁架桥机

①双导梁架桥机的组成与特点。双导梁架桥机由双主导梁、支腿、吊梁小车、走向机构、横移机构、电控系统组成。

主导梁采用三角桁架，可以双向行走，不用掉头便可反方向架梁；过孔不需要铺设专用轨道，可自平衡过孔；架设边梁时可一次到位，安全可靠；同时，双导梁桥机能够满足大坡度、小半径曲线桥、45°斜桥架梁的要求，具有运行工作范围广、性能优良、操作方便、结构安全的特点。

②双导梁架桥机的使用要求。双导梁架桥机要有架桥机制造许可证、出厂合格证、生产厂家营业执照、设备维修记录等资料；双导梁架桥机的操作人员要有特种作业操作证；运梁车（炮车）要有出厂合格证，司机要有操作证。

双导梁架桥机在安装前要制定安装、拆除方案，并经本单位技术负责人、监理单位总监理工程师审批同意。双导梁架桥机要由具有资质的单位或专业人员安装，安装完成后要经过当地质量监督部门验收合格方可使用。

架设前，施工单位要制定架梁、运梁施工方案，做好运梁、架梁作业指导书、技术交底和安全交底。

（4）三辊轴振动整平机

三辊轴振动整平机是常见的桥面整体化层施工设备。三辊轴振动整平机的主体部分是一根起振密、摊铺、提浆作用的偏心振动轴和两根起驱动整平作用的同心轴，振动轴始终向后旋转，而同心轴可以前后旋转。

工作时，机械向前运动，振动轴向后高速旋转，通过偏心振动，使混凝土骨料下沉，砂浆上浮，起到提浆作用；同时将振动轴前方的混凝土向前推移，行进过程中填平低陷处，起到整平作用；后退时停止振动，实施静滚压，消除振动轴甩浆时留下的条痕；三辊轴振动整平机一般要进行2～3遍往返作业，并且需要人工配合整修、填平、检查，必要时采用刮杠辅助整平。由于三辊轴振动整平机的振捣深度一般为3～5cm，而桥面整体化层一般为10cm，所以施工时还要配备一台安有插入式振动棒的振捣机，具备自动行走功能，确保混凝土振捣均匀、密实。

三辊轴振动整平机具有振捣、摊铺、提浆、整平的作用，具有自动行走、施工方便、速度快、整平精度高、坚固耐用、维护保养简单的优点，是桥面整体化层施工效果较好的施工设备。

（5）桥梁施工小型设备

随着近年桥梁施工精细化要求的提出，小型设备被应用在桥梁施工中，代替手工作业，改善了施工质量，降低了劳动强度，提高了施工效率，降低了施工成本。

①混凝土凿毛机。近年来，新旧混凝土接合部的处理，引起了人们的广泛关注和研究。混凝土的凿毛质量直接影响混凝土构件的黏结质量，箱梁主要对翼缘板端部、梁端、横隔板端部和顶板进行凿毛。翼缘板端部和横隔板端部的凿毛质量是影响箱梁横向连接的重要因素，梁端的凿毛质量影响封端的质量，箱梁顶板的凿毛质量影响桥面整体化层的施工质量。桥面整体化层表面浮浆不处理，会造成防水层失效，桥面铺装剥离、破坏。

为了预防新旧混凝土接合部的质量通病，加强混凝土凿毛质量控制，经过市场调查和工艺比选，这里选取气动手持式凿毛机进行箱梁端部的凿毛，选取手推式凿毛机进行箱梁顶板的凿毛，选取抛丸处理的方法进行桥面整体化层表面浮浆的处理。

气动手持式凿毛机采用空压机辅助，在压缩空气的推动下，以高速度、高频率和高冲击力击碎混凝土表面，达到凿除表面浮浆的效果。每台机器只需要一人进行操作，平均每小时可凿毛10～15m^2，凿毛深度均匀，密度高，改善了以往手工凿毛密度不够、深度不匀的通病。气动手持式凿毛机机型小，机身轻便，具有移动方便、操作简单、效率高的特点，适用于箱梁翼缘板端部、封锚端头、横隔板端部的凿毛。

手推式凿毛机是由多个凿毛头组合而成的整体式手推移动的凿毛机，每个机器有11个凿毛头，凿毛头采用优质钨钢合金制作，凿击频率可达每分钟24000次，每小时凿毛面积可达30～100m^2，因混凝土强度不同，效率有所差异。一般情况下，在混凝土强度达到50%左右进行凿毛，效率会更高。由于箱梁顶板设有桥面连接钢筋，施工人员需沿梁长方向凿完一道再移至另一道继续凿毛。手推式凿毛机适用于面积不大的箱梁顶板，具有凿毛效率高、操作方便、凿毛效果佳的特点。

抛丸处理是指通过机械的方法把丸料（钢丸或砂粒）以很高的速度和一定的角度抛射到混凝土表面，让丸料冲击混凝土表面，然后通过机器内部配套的吸尘器的气流进行清洗，将丸料和清理下来的杂质分别回收，丸料可以被再次利用的技术。桥面整体化层一般采用车载式抛丸设备，配有除尘器，可做到无尘、无污染施工，既能提高效率，又能保护环境。抛丸机操作时通过控制丸料的颗粒大小、形状，调整和设定机器的行走速度，控制丸料的抛射流量，确保抛丸处理后的桥面具有理想的表面粗糙度。抛丸处理工艺能够一次将混凝土表面的浮浆、杂质清理干净，对混凝土表面进行打毛处理，使其表面均匀粗糙，大大提高防水层和混凝土基层的黏结强度。不仅如此，抛丸处理工艺能够充分暴露混凝土的裂纹等病害，以便施工人员提前采取补救措施。

②混凝土抹平机。桥梁支座垫石顶面高程、平整度、四角相对高差，规范允许值只有 2mm，以往施工为了确保垫石施工质量，采用水准仪精准测量和水平尺辅助人工多次抹面的方法进行控制。而在桥梁支座垫石施工中，采用混凝土抹平机进行抹面的处理效果更好。抹平机利用电机，使十字盘旋转带动安装在其上面的抹盘作同步旋转，对混凝土表面进行抹光处理。经过混凝土抹光机处理的支座垫石表面较人工抹面更加平整、光滑，大大提高了工作效率，降低了劳动强度。混凝土抹光机除了用于支座垫石抹平外，还可用于其他部位混凝土顶面的抹平

处理。

③混凝土钻孔机。桥面泄水孔一般从箱梁预制时就要在箱梁顶板进行预留，通常采用预埋PVC管或者制作可取出反复利用的钢筒预留孔洞。以设计尺寸为直径150mm的桥梁泄水孔为例，若采用PVC管预留泄水孔，一是材料使用较多，二是往往难以取出，市场上的PVC管直径150mm指的是外径，导致实际孔径往往不够；若预埋直径偏大的PVC管，又造成后续封堵困难。较好的做法是制作直径符合要求的钢筒来预留孔洞。箱梁预制时泄水孔预留的误差、架设时梁板偏位的误差、桥面整体化层施工时预留泄水孔的误差累计起来，会导致泄水管无法安装。针对这种情况，施工人员应采用混凝土钻孔机进行泄水孔钻孔处理，采用168mm钻头，直径大小正好，1台机仅需1人便可进行操作，每天8小时可钻20～30个孔。采用混凝土钻孔机处理预留孔可一次到位，施工方便，效率高，能较好地解决泄水管安装的问题。

桥梁施工中大量引进和应用新型、专业化、自动化机械设备，克服了传统手工作业和半机械化作业劳动强度大、施工误差大、施工效率低的缺点。提高机械化程度，选择先进、专业化的机械设备，能够促使桥梁施工向专业化、精细化发展。

（三）桥梁智能化施工

桥梁结构的耐久性是影响桥梁安全、结构寿命的关键因素，上部结构的提前损坏，如早期下挠、开裂等病害以及桥梁安全事故的发生是国内交通行业日益关注的问题。桥梁施工往往是靠施工人员的手工操作来实现的，然而，受手工操作误差、人员素质参差不齐等因素的影响，桥梁施工很难达到理想的效果。因此，近些年，很多企业研发了桥梁智能化施工控制工艺和设备。实践证明，与以往手工操作相比，桥梁智能化施工控制工艺和设备取得了相当可观的成效。

1. 智能张拉在桥梁施工中的应用

随着桥梁工程的发展，预应力施工技术已被广泛应用于各种结构的桥梁中，预应力施工质量的好坏，直接影响结构的耐久性。不少桥梁因为预应力施工不合格，被迫提前进行加固，严重的甚至突然垮塌，给社会造成了巨大的生命财产损失。这主要是因为在传统的张拉工艺中，施工人员凭经验手动操作，人工读数、计算、判断预应力施工的质量，误差很大。

为了消除手动操作误差，提高预应力施工质量，杜绝人为因素对施工质量的影响，现代桥梁工程引进了智能张拉设备和施工工艺。

（1）智能张拉设备

近些年，国内对智能张拉设备开展研究的单位很多，如湖南联智桥隧技术有限公司、西安璐江桥隧设备有限公司、上海同禾土木工程科技有限公司、上海耐斯特液压设备有限公司、柳州泰姆预应力机械有限公司等。这些公司研发出了许多智能张拉设备，在不同的工程中得到了应用。笔者以西安璐江桥隧设备有限公司生产的四台千斤顶、两台控制主机的成套智能张拉设备为例进行分析。

预应力智能张拉设备由千斤顶、电动液压站、高精度压力传感器、高精度位移传感器、变频器和手持遥控器控制箱组成。

工作原理：施工人员通过手持遥控器控制箱进行操作，控制两台控制主机同步实施张拉作业，控制主机根据预设的程序发出指令，同步控制每台设备的每一个机械动作，自动完成整个张拉过程，实现对张拉控制力及钢绞线伸长量的控制、数据处理、记忆存储、张拉力及伸长量曲线显示。手持遥控器控制箱由嵌入式计算机、无线通信模块、数据储存卡等构成，可实现与主机智能通信、人机交互、与PC机通信的功能，可通过与电脑连接，随意调取、打印张拉数据。手持遥控器控制箱通过传感技术，采集每台张拉设备（千斤顶）的工作压力和钢绞线的伸长量等数据，并实时将数据传输给系统主机进行分析判断，实时调整变频电机工作参数，从而实时调控油泵电机的转速，实现张拉力和加载速度的实时精确控制。

（2）智能张拉施工工艺

①准备工作。施工人员应按照《公路桥涵施工技术规范》（JTG/T 3650—2020）对钢绞线进行取样检验，只有钢绞线的力学性能和松弛率符合要求方可使用。通过检测可得到钢绞线的弹性模量，计算钢绞线的理论伸长值，复核设计伸长值是否正确。

在张拉开始前要按规定对千斤顶和油泵进行配套标定，得到千斤顶和油压表之间的对应回归方程。

技术人员利用外带笔记本电脑，将梁号、孔道号、千斤顶编号、回归方程、设计张拉控制力值、钢绞线的理论伸长量等数据和预应力施工记录输入手持遥控器控制箱。

施工人员要对预留孔道孔口进行清理，确保工作锚具、夹片能按照规范要求安装。预应力钢绞线在安装之前一定要采用扎丝进行编束，扎丝间距1.5m，确保钢绞线编束整齐，避免在孔道内缠绕。整束钢绞线的端部要进行包裹，避免在穿束过程中发生散头现象。

②张拉过程。在连接好线路，锚具、千斤顶安装到位，测试正常后，施工人员要按照设计张拉顺序启动自动控制系统进行张拉。在张拉作业时，操作人员利用手持遥控器控制箱上的选择键，确定当前所张拉的梁号和孔道号，油泵在手持遥控器控制箱控制下工作，给千斤顶缓慢供油，施工人员调节工作锚、限位板、千斤顶和工具锚的相对位置，使两端张拉设备全部安装调整到位。两端千斤顶到随意的一个很小的力值时，安装工作完成。两端张拉施工人员撤离，采用遥控器启动自动张拉程序，整个张拉过程由智能张拉设备自动操作完成。当张拉力达到控制张拉力时，油泵自动停止工作，并且对伸长量是否满足规范要求作出判断。按照设定的持荷时间持荷后，千斤顶自动回油收回张拉缸，取出工具夹片、锚具，该组预应力束张拉工作完成，便可移顶进行下一组预应力束张拉。

智能张拉过程中如果应力或伸长量出现异常，施工人员应立即停止张拉工作，检查设备运行是否正常，锚垫板、夹片、千斤顶等安装是否正常，管道是否进浆堵塞。应根据智能张拉主机显示的数据规律和设备情况，查找原因，并及时进行处理。

③张拉数据输出。手持遥控器控制箱内置大容量储存器，可以保存多组张拉参数和张拉数据。通常情况下，在当天完成张拉工作后，施工人员应将手持遥控器控制箱中的数据输出至电脑端，直接生成预应力张拉原始数据报表，可供查看、打印。

（3）预应力智能张拉的特点

①精确施加张拉力。智能张拉依靠计算机运算，应力读取速度快，能精确控制施工过程中所施加的预应力的值。

②及时校核伸长量，实现“张拉力和伸长量的双控”。系统传感器实时采集钢绞线伸长量数据，反馈到计算机，自动计算伸长量，比人工计算速度快，能够及时校核伸长量是否在±6%范围内，实现预应力与伸长量同步“双控”。

③实现多顶对称、两端同步张拉。自动控制系统通过计算机控制两台或多台千斤顶的张拉施工全过程，同时、同步对称张拉，实现了“多顶对称、两端同步

张拉”。

④智能控制，规范张拉过程。智能张拉自动化控制系统自动采集、保存张拉数据，自动计算总伸长量，自动控制停顿点、加载速率、持荷时间等，能避免人工读数误差，以及人工操作不规范造成的数据误差。智能张拉自动化控制系统具有高精度和稳定性，完全排除人为因素的干扰，能有效确保预应力张拉施工质量。

⑤便于质量监督、管理。业主、监理、施工、检测单位在同一个互联网平台，实时进行交互，突破了地域的限制，能及时掌控预制梁场和桥梁预应力施工质量情况，实现“实时跟踪、智能控制、及时纠错”，有利于控制施工质量，保障桥梁结构安全。

⑥节约人力资源，降低管理成本。人工张拉要想实现四顶两端对称张拉，最少需要6个人来完成操作，而且张拉时间较长。智能张拉只需要3个人便可完成操作，大大节约了人力资源，提高了工作效率，降低了管理成本。

2. 智能压浆在桥梁施工中的应用

在桥梁工程的施工过程中，预应力钢绞线主要通过水泥浆体与周边混凝土有效结合，实现锚固可靠性的提升，进而有效提升桥梁结构的抗裂性能与承载能力。在桥梁工程的施工过程中，若预应力管道压浆密实度不够，内部孔隙过大，则会对结构的耐久性造成非常大的影响，进而影响整个桥梁结构的使用寿命。近年来，管道压浆施工质量引起了人们的广泛关注和高度重视。

（1）智能压浆施工工艺

①准备工作。

压浆材料准备：施工人员应采用专用压浆料或专用压浆剂配置的浆液进行压浆。

设备准备：按照智能压浆设备结构，连接好搅拌桶、压浆泵、进浆口测控箱、出浆口测控箱和主机。

管道冲洗：利用压浆设备，直接进行预应力管道冲洗。

②智能压浆施工过程。管道压浆料水泥浆按照水胶比0.26～0.28分批进行拌制，一次拌和不大于1m^3的水泥浆。计算好所需水量和压浆料，并用称量设备称量准确，在搅拌机中加入80%～90%的拌和水，开动搅拌机，均匀加入全部压浆

料，边加入边搅拌，待全部压浆料加入后，先快速搅拌2分钟，再慢速搅拌1分钟，然后加入剩余的10%～20%拌和水，继续搅拌1分钟，水泥浆拌和完成。采用两次加水拌制水泥浆，能够使水泥颗粒表面形成较薄的水膜，减少水泥颗粒之间的包裹水，提高水泥浆的流动性。

水泥浆拌和好后，应利用主机开启智能压浆系统，整个过程只需供应足量的水泥浆便可自动完成孔道压浆，一个孔道压浆完成后，移至另外一个孔道，直至整个箱梁孔道全部完成压浆工作。

智能压浆设备在管道进、出浆口分别设有精密传感器实时监测压力，并实时反馈给系统主机进行分析判断，测控系统根据主机指令进行压力的调整，保证预应力管道在施工技术规范要求的浆液质量、压力大小、稳压时间等重要指标的约束下完成所有孔道的压浆，确保压浆饱满和密实。

（2）管道智能压浆的特点

①精确控制水胶比，确保管道压浆密实。采用智能压浆设备，能够控制水胶比为0.26～0.28，杜绝了人为控制的随意性和人工误差，确保管道压浆密实。

②自动调节压力和流量，排出管道内空气。智能压浆可通过调整浆体压力和流量，将管道内空气通过出浆口和钢绞线丝间的空隙完全排出，达到管道密实的目的，并可带出孔道内的残留杂质。

③实时监测压力、流量、密度，并进行调整。智能压浆通过精密传感器实时监测各项参数，并反馈给主机，再由主机作出判断并自动进行调节；及时补充管道压力损失，使出浆口满足规范要求的最低压力值，保证沿途压力损失后管道内仍满足规范要求的最低压力值；及时调节浆液流量和密度，在稳压期间持续补充浆液进入孔道，待进、出浆口压力差保持稳定后，判定管道充盈。

④监测压浆过程，实现远程管理。压浆过程由计算机程序控制，受人为因素的影响较小，可准确监测浆液温度、环境温度、注浆压力、稳压时间等各个指标，并且自动记录压浆数据，通过无线传输技术将数据实时反馈至相关部门，实现预应力管道压浆的远程管理。

⑤一键式全自动智能压浆，简单适用。系统将高速制浆机、储浆桶、进浆测控仪、返浆测控仪、压浆泵集成于一体，施工人员在现场使用时只需将进浆管、返浆管与预应力管道对接，即可进行压浆施工，操作简单，方便施工。

3. 智能养护在桥梁施工中的应用

由于水化热作用，混凝土浇筑后只有在适当的温度和湿度条件下才能使强度不断提高。若养护不到位，混凝土水分蒸发过快，容易造成脱水现象，内部黏结力降低，或产生较大的收缩变形。所以，混凝土浇筑后初期阶段的养护非常重要。

（1）智能养护设备

水泥混凝土智能养护系统旨在一键实现全周期自动养护。智能养护系统由智能养护仪主机、无线测温测试终端、养护终端（包括喷淋管道和养护棚）组成。主要配件包括内置吸水泵，压力、温度、湿度变送模块，电磁阀，调速变频器，可编程逻辑控制器，配电系统等。

一台智能养护仪可供养护6片梁，其中，喷淋管道采用的是180° 可调节双枝高雾喷头，喷淋效果好。

水泥混凝土智能养护系统采用先进的无线传感技术、变频控制技术，通过控制中心，根据不同配合比混凝土放热速率、混凝土尺寸、周边环境温度及湿度自动进行养护施工，能排除人为因素干扰，提高养护效率与养护质量。

（2）智能养护施工

施工人员在预制箱梁混凝土终凝后，用土工布覆盖箱梁顶板，布置好养护管路，接通电源，连接外部水源，按下启动按钮，一键启动智能养护系统，自动完成全周期养护施工。

智能养护设备能根据梁体周边环境的温度、湿度自动判别是否开启恒压喷淋，并控制喷淋持续时间，达到智能养护的目的，同时对养护全过程的技术信息进行记录与保存，绘制养护施工记录表格（喷淋时间、湿度、温度等）及相关的曲线（温度及湿度—时间曲线）。

（3）智能养护的特点

①全周期监测温度、湿度，适时喷淋以提高养护质量。智能养护系统全过程监测梁体周边环境的温度、湿度并自动控制喷淋管路完成养护，适时引导水化热释放，防止早期温度裂缝的出现，提高混凝土的强度和耐久性。

②根据混凝土水化热量及水化过程热量释放率进行有针对性的养护。不同配合比的混凝土，其集料、水泥品牌、水泥用量等因素的不同对梁体的整体水化热

量影响很大，养护周期内不同时间点的水化热量释放率也是不同的，智能养护系统能据此进行有针对性的养护，以切实保证水化热量平稳释放。

③规范养护过程。智能养护系统根据相关施工技术规范和养护方案要求对水泥混凝土进行养护，减少人为因素的干扰，保存养护周期内温度、湿度、喷淋启动时间、喷淋持续时间、喷淋水压等全过程技术参数，便于质量管理与质量追溯。

④一键完成养护，提高养护效率。智能养护系统可一键操作，进行全周期自动养护，操作方便，节省人力，极大地提高了养护效率。

4. 智能检测机械设备在桥梁施工中的应用

为了加强桥梁施工阶段的质量管理与控制，各种桥梁检测设备和技术不断被研发与应用，桥梁无损、智能检测成为检测设备发展的方向。

（1）钢筋保护层检测仪

钢筋保护层检测仪用于对钢筋混凝土结构钢筋施工质量的检测，是一种无损检测设备，可根据已知钢筋直径检测钢筋保护层的厚度和钢筋的位置。

钢筋保护层检测仪由钢筋保护层测定探头、钢筋保护层检测仪主机和信号电缆三部分组成，电源为可充电锂电池。钢筋保护层检测仪适用于钢筋直径φ6～φ50mm、保护层在6～190mm的钢筋施工质量测定，具有携带方便、检测速度快、自动记录和储存数据、可导出检测报表等优点。

采用钢筋保护层检测仪进行施工自检，能够及早地检测并发现施工问题，及时调整控制方法，确定改进措施，保证混凝土结构钢筋施工质量满足设计和规范要求。

（2）智能反拉法预应力检测仪

随着人们对桥梁预应力施工质量的日益重视，如何确定张拉后的有效预应力成为人们关注的问题。智能反拉法预应力检测仪能够对桥梁锚下有效预应力进行检测，检测设备由智能张拉控制系统、张拉主机、穿心千斤顶、锚具夹片等组成。

智能反拉法预应力检测仪的原理是：根据弹模效应与最小预应力跟踪原理，当千斤顶带动钢绞线与夹片延轴线移动0.5mm时，施工人员即可测出有效预应力值。智能反拉系统通过位移传感器和应力传感器将数据传输至电脑软件系统，及时进行数据分析，并通过软件显示的相关信息监控曲线的斜率变化，当曲线出现拐点、斜率明显变化时，计算出的即为有效预应力值。由于反拉时夹片在随钢绞线轴线移动0.5mm时仍牢牢咬住钢绞线，回油后，钢绞线会恢复原状，锚下有效预应力不会变化，可达到无损检测的效果。

在用智能反拉法进行锚下预应力检测时，由于是逐根钢绞线进行检测，施工人员根据检测结果可以计算和判断单根、整束、同断面的锚下有效预应力值偏差是否满足控制要求，同断面、同束不均匀度是否满足控制要求。同时，检测结果可作为对预应力钢绞线梳束、编束、穿束、调束工艺控制和张拉工艺控制的评价依据。

（四）桥梁机械化与智能化施工的管理和控制

桥梁机械化、智能化施工的基本目的是引进新型机械设备，优质、高效、安全、低耗地完成工程施工内容，提升施工管理成效。新型自动化、智能化机械设备的使用，需要一套完善的管理体系、规章制度和管理办法与之适应。

1. 建立施工管理组织机构

施工单位应当建立机械化、智能化施工管理组织机构，对桥梁施工拟采用的机械设备进行选型、配套设计和施工组织管理，建立岗位责任制，加强人员培训与学习，加强机械设备维修与保养，管理好新型的机械设备，提高桥梁施工管理成效。

2. 完善桥梁施工机械设备选型与配套设计

要想实现机械化施工控制，施工单位首先要确定机械的选型，即根据施工内容、工程量大小、工期要求，合理选择施工机械。施工机械要具有适应性、先进性、经济性、安全性、通用性和专用性的特点。其次，施工单位要确定机械的合理组合，即技术性能组合和类型数量组合。

（1）选型和配套设计的原则

桥梁施工机械设备的选型要充分考虑各种因素，一般要考虑经济指标、技术性能、社会关系、人机关系和配套性。施工单位应通过对机械设备进行综合比较，最终确定最佳的选型方案。施工单位应根据项目特点、工程施工条件、地质条件、结构形式等客观条件，选择型号和性能满足要求、操作简单、维修方便的机械设备，并有机组合，最大限度发挥机械的作用，提高桥梁施工管理成效。

在工程主导机械按照上面的原则进行选型和配置的同时，配套机械的好坏也很关键，它们直接影响施工的正常进行。所以，配套机械的技术规格也应满足工程的技术标准要求，必须具有良好的工作性能和足够的可靠性。施工单位应尽量采用同厂家或同品牌的配套机械，以保证最佳匹配度，并便于维修保养。对于配套的所有机械，施工单位必须定时、定期检修，不能因为一台机器的故障而使整个施工生产停滞。

（2）机械化施工组织设计

施工方案的完成必须以配套的机械设备为基础，机械设备在型号、功率、容积、长度等方面要达到施工方案的要求，否则就会影响工程进度和工程质量，甚至损耗机械设备。目前，工程项目在招投标阶段就对施工单位应配备的主要机械设备提出了相应的要求。施工单位在工程开工前要完成实施性施工组织设计，其中就包括机械化施工组织设计。

机械化施工组织设计要根据施工内容和总体工期要求，制订机械设备配套计划，做好各时间段、各施工规划期所需机械设备的类型和数量统计；根据施工计划制订机械设备进场、退场和调配计划；制订机械设备的维修保养计划、操作规程和施工保证措施；等等。具体的机械化施工组织要在施工过程中不断地调整和完善，以适应现场实际需要。

第二节　市政隧道工程建设施工

在整个城市建设中，隧道建设是一项重要内容，并在整个城市化建设中占据重要位置。城市地下隧道建设，能够在很大程度上缓解交通压力。然而，在城市隧道建设过程中，存在着诸多影响各种施工技术应用的因素。

防水技术是城市地下隧道建设过程中一项十分重要的技术，它会对工程的施工、运营状况、使用寿命等造成影响，同时也与广大人民的生产、生活有着密切的联系。在我国的城市地下隧道工程建设过程中，防水工程可以分为构造防水和材料防水两种。施工人员在应用地下工程防水技术时应坚持因地制宜的原则，合理地进行施工和治理。

一、城市隧道工程地下防水的重要性

为了缓解城市交通拥堵的状况，保证城市车辆安全有序地运行，现代化城市地下隧道工程应运而生。在城市地下隧道施工过程中，很多因素影响着施工技术的应用，如地下渗水等。要想建设一个能够满足广大人民和城市建设需求的良好的地下交通运输环境，施工人员就应该重点关注城市地下隧道施工技术应用过程中防水技术的应用，并对防水技术进行研究和分析，从而使施工防水技术能够更好地应用于城市地下隧道的建设当中，进而提升地下隧道的安全性，确保城市地下隧道的稳定性，延长地下隧道的使用寿命。因此，要想提升城市地下隧道施工技术的施工效果和施工质量，就应该在施工技术的处理过程中加强对防水技术的应用。

二、城市隧道工程地下渗水原因

（一）地下隧道工程施工缝隙处理不当

在城市隧道建设过程中运用施工技术时，如果没有恰当地处理地下隧道的施工缝隙，就会造成后期施工区域渗水，这种状况的出现不仅会影响城市地下隧道的正常运行，还会影响车辆的行驶。因此，在运用城市地下隧道施工技术时，施工人员应该高度重视施工过程中的施工缝隙渗水现象，并对此进行研究分析。一般来说，造成施工缝隙渗水的原因是在施工技术的处理过程中，原有混凝土结构和新材料混凝土的黏结性存在差异，从而导致施工技术应用前的混凝土不能及时黏结，施工缝隙的处理没能达到地下隧道施工防水技术的应用标准。

（二）混凝土自身存在缺陷

在隧道的施工过程中，常用的技术就是混凝土施工技术，这种技术的重点在于对混凝土的比例进行分析。地下隧道的施工对于混凝土的配比相当重视，如果比例不当，就会造成混凝土的应用效果下降，对施工造成了不利影响，加大隧道工程防水处理的工作量。由此可见，施工人员在施工过程中应该正确地分析混凝土的配比。

三、城市隧道工程地下防水施工技术应用

（一）支护灌浆技术

在城市地下隧道施工过程中，防水技术是一项非常重要的技术，目前常用的防水技术是支护灌浆技术。该项技术在实际应用的过程中，提升了整体的施工效果，是一项安全性能很高的防水技术。在实际操作过程中，需要将管桩支护和灌浆技术相融合，避免施工区域出现安全问题。在施工过程中，既要在场地内运用管桩支撑防护体系，构建一个安全的施工环境，又要进行一定的防水工作，根据现场的施工环境搭建网状管桩结构。施工人员应在管桩支护体系五米内选定注浆管，同时对网状格局进行全面的分析，然后进行喷浆填埋，将选定好的注浆管安装在管桩支护体系周边，确保能够阻断地下水与施工场地的联系，达到防水的目的。

（二）排水施工技术

单纯的施工支护灌浆技术只能将施工区域内的防水工作处理好，要想将整体的防水工作处理完善，还应该对施工区域内的地下水进行人为牵引疏导，即在施工技术的处理应用过程中，为了保障整体的施工效果，施工人员需要在施工区域内的隧道周边设置专门的排水沟，借助排水沟，及时将地下隧道施工区域内的防水工作处理好。在整个排水施工技术的应用过程中，施工人员多采用水管盲沟排除法，即将一定规格的水管安装在施工墙体的周边，借助水管的传输导水功能，将隧道空间内的水流进行牵引，以减少地下水渗漏现象的发生。

（三）防水材料的应用

随着现代科技的发展，越来越多的先进防水材料被应用于实际建设工作当中，防水材料的全面应用发挥了地下防水处理工作的作用。在城市隧道工程建设过程中，防水技术是最关键、最核心的因素，而防水材料的出现和应用，对于防水工程来说具有重要意义。在进行防水工作时，施工人员要准确分析每一个工程环节和运行系统，确保在每一个工作步骤中都能将防水材料的优势完全地发挥出来。首先，要做好前期的准备工作，选取适合的防水材料并运送到施工现场，然

后对选用的防水材料进行质量检查，测试其防水性能。其次，要在完成地基的施工找平工作后进行防水卷材的施工，只有将防水材料的找平工作完成后才能进行下一步的施工工作。最后，要计算出正确的混凝土混合比例，使混凝土具有良好的加固效果。

城市地下隧道建设是加快城市化进程的关键因素，对于现代化城市的建设与发展来说也是至关重要的。为了保证建成的城市地下隧道的质量，相关人员应该重点关注隧道的渗水问题。城市隧道工程的施工人员应该在工程施工过程中，妥善处理施工技术应用中的防水施工技术，有效地运用支护灌浆技术、排水施工技术，科学合理地应用防水材料，从而确保施工技术的应用效果。

四、城市隧道工程盾构施工

（一）盾构穿越地连墙玻璃纤维筋

玻璃纤维筋是由高性能纤维与合成树脂基体、固化剂，采用适当的成型工艺所形成的纤维增强复合材料，其性能与普通钢筋相似，与混凝土具有良好的黏结性，且和混凝土有相同的收缩系数，同时又具有很高的抗拉强度和较低的抗剪强度。

目前，随着城市地铁的不断发展，城市地铁线网不断扩大，这使得部分地铁隧道区间可能与城市部分明暗挖隧道线路产生冲突，因此地铁盾构区间需要下穿既有地连墙结构。还有一种情况，即在盾构进出洞时，也需下穿地下连续墙结构。按照传统施工工艺，在盾构下穿前，施工人员需要采用人工方式对下穿范围地连墙结构进行破除。该工作作业时间长，安全风险系数高，而且对于盾构下穿既有线路结构地连墙，人工破除更是不可能实现的。玻璃纤维筋的应用，有效地解决了这一问题。但是玻璃纤维筋与钢筋最大的区别为玻璃纤维筋的弹性模量小，是典型的脆性材料，应力—应变曲线在断裂前表现出明显的线性关系，极大地影响了玻璃纤维筋笼起吊时的稳定性和基坑开挖阶段玻璃纤维筋连续墙的抗弯、抗剪承载能力，因此钢筋笼的制作和吊运过程存在一定风险，这就要求必须制定切实可行的专项方案以保证施工的安全。

（二）盾构上浮处理

盾构在复合黏土层施工时，易出现上浮现象。随着上浮的不断加剧，出现了管片破损、浆液渗漏、地面沉降等一系列质量问题。为确保隧道成型质量，需将盾构机姿态控制在规定范围内。经过分析，盾构上浮的原因可能是管片超前量不足、推力设置不当等，可采用以下措施加以改进。

第一，可通过管片错点位拼装，或在管片侧面采用石棉垫片，增大管片上部超前量，为盾构机下行提供浮动空间，同时对管片圆度进行调整，在此过程中增设止水条，防止管片渗水。

第二，在盾构穿越隧道投影区域采取钢板和铁块堆载措施。钢板厚度为10cm，铁块压重厚度约40cm。

第三，调整盾构机顶推油缸的分区压力，如压力差无法满足盾构机转向要求，可采用调整油缸油路的方式，在不影响盾构机左右姿态的前提下，将两侧千斤顶的油路部分并入上部油缸分区，从而加大上部油缸分区的推力。但在此过程中，各油缸分区压力差过大，易对管片造成不利影响。

第四，为增加盾构自身重量，施工人员可将配重放置在盾构机下部，提高盾构自重，克服浮力。

在实施过程中，可根据盾构姿态上浮的程度，单独或组合采用以上措施，以达到防止盾构上浮的目的。

（三）盾构法联络通道施工

由于地铁联络通道施工是在“洞中打洞”，作业面小，不便使用大型工具设备，所以目前国内地铁联络通道施工多采用冷冻法加矿山法。该方法施工造价较高、工期较长、风险较大，施工过程会产生冷冻失效、超挖、地下水侵蚀等一系列不利因素，极易造成地下水喷涌、开挖面坍塌、地面沉陷等风险。

（四）地面出入式盾构法

传统盾构始发接收皆需要盾构工作井，这需要施工人员在盾构施工之前，在地面进行大规模的地下深基坑作业。这不仅需要考虑深基坑作业的安全风险，还要考虑建筑物拆迁、地面交通疏解、地下管线迁改，更不可避免地会对周边环境产生不利影响。为有效解决上述问题，可采用出入式盾构法进行隧道施工。

出入式盾构法是指盾构从地表始发，在浅覆土条件下掘进，最后在目标地点从地表到达。这种方法用盾构掘进代替暗埋段明挖，可以缩小地面开挖面积，减少拆迁量。以浅埋导坑代替深大工作井，可以减少施工风险和土方开挖量，缩短建设工期。但在无覆土和超浅覆土下进行盾构隧道建设，也面临很多技术难题，如结构变形、隧道上浮、接缝渗漏、轴线偏离等，施工人员可通过以下技术加以改进。

第一，可设置管片稳定装置。管片稳定装置可在盾构推进过程中支撑和稳定管片，使管片保持性状，有效防止管片错台。

第二，为提高管片在浅覆土施工过程中的抗剪和接缝防水性能，可在每环管片增设4只纵向螺栓，并可改良橡胶密封垫截面形式，合理控制错动和张开量指标，提高管片防渗水能力。

第三，可增设土层压力传感器，准确反映土舱压力变化，为盾构掘进提供更多有效的技术参数，同时利用参数提高土压波动检测能力，设计新算法，较好地控制出土量、刀盘转速和推进速度，精确控制开挖面土压平衡。

总体来说，城市隧道工程建设能够缓解地面交通压力，减少城市道路拥堵，满足人们的出行要求，且城市隧道工程的客流量较大，运行速度快，有效地实现了城市交通升级。盾构施工技术具有灵活性、安全性和高效率性等技术优势，不仅提高了工程效率，还缩短了施工时间，节约了工程成本，整体经济效益极为突出。充分把握盾构施工技术的关键点，能够进一步满足城市隧道工程施工要求。

五、城市隧道施工安全风险管理

随着城市隧道施工活动的不断深入开展，工程施工安全风险也不断变化，有些风险在工程施工初期因采取了有效的控制措施而得到了规避，有些风险只有到施工甚至运营阶段才会出现，甚至恶化。因此，工程建设各方必须在工程施工的全过程中实施风险管理，对各类施工安全风险尽早辨识、分析与控制，对各阶段施工安全风险实施跟踪记录和管理。工程建设各方在每个阶段完成后必须形成风险评估报告或风险管理记录文件，以记录风险管理对象、内容、方法和控制措施，并作为下阶段风险管理的基本依据。

（一）风险界定

城市隧道施工安全风险管理应界定风险管理对象与目标，划分工程施工安全风险评估单元，制定本工程施工安全风险等级标准。

工程施工安全风险管理的总体目标是通过对工程施工安全风险实施管理，保障工程建设安全，降低工程施工安全风险损失，使建设各方的总体目标基本一致。但工程建设各方的分工有差异，承担的责任和目标也存在一些差异，因此工程建设各方应发挥积极作用，共同参与工程施工安全风险管理。工程建设风险管理目标的制定应遵循以下基本原则。

第一，工程建设风险管理目标应与工程建设总体目标、项目特点和经济技术水平相匹配。

第二，工程建设风险管理工作应充分发挥工程建设各方的技术优势，调动其积极性。

第三，工程建设风险管理责任分担应坚持责、权、利协调一致，权责明确。

根据城市隧道不同的实施内容，工程建设各方应遵循“分类型、分阶段、分目标”的基本原则来划分风险评估单元。城市隧道施工安全风险管理划分评估单元的基本原则如下。

1. 分类型原则

在进行工程施工安全风险管理时，应结合隧道的水文地质条件、结构类型、施工技术、环境条件和建设各方的特点，分类确定施工安全风险管理目标和控制措施。

2. 分阶段原则

随着工程分阶段施工的进行，施工安全风险类型也将动态变化，各项施工安全风险的发生概率、损失以及对整个工程施工安全风险的影响也在不断变化，这决定了城市隧道施工安全风险管理是一个分阶段的实施工程。

3. 分目标原则

城市隧道建设工程中的参与对象众多（包括建设单位、勘察单位、咨询单位、设计单位、施工单位、监理单位和第三方监测单位等），不同参建单位的风险管理对象、实施方案和风险可接受水平各不相同，在保障城市隧道建设安全、经济、可靠、适用的基本原则下，工程建设各方应考虑各自的需求和能力，制定相应的施工安全风险管理目标。

工程施工安全风险等级标准应按照风险发生的可能性和损失进行划分。城市隧道施工安全风险表示为工程建设过程中潜在的人员伤亡、环境破坏、经济损失、工期延误和社会影响等不利事件发生的概率与潜在损失的集合。

（二）风险辨识

风险辨识是工程施工安全风险管理的基础和前提，全面、系统地辨识各类风险对完成风险管理至关重要。由于城市隧道建设中的建设条件复杂，涉及人员众多，专业要求高，因此应注重收集基础资料。只有对工程各类资料进行系统分析，才能更好地辨识工程的潜在风险。

风险辨识可包括风险分类、确定参与者、收集相关资料、建立初步风险清单、风险筛选和编制风险辨识报告等六个步骤。

1. 风险分类

应根据风险损失类型，系统分析工程建设基本资料，对工程建设的目标、阶段、活动和周边环境中存在的各种风险因素进行分析。

2. 确定参与者

应选择工程经验丰富且理论水平较高的工程技术人员、管理人员和研究人员作为风险辨识参与者。在风险辨识中，专家的水平高低对辨识的成效十分重要。

3. 收集相关资料

应全面收集工程相关资料，对现场进行风险勘查，系统分析工程建设的风险因素。潜在的风险因素包括客观因素和主观因素，如工程建设场地及周边环境、建设技术方案及工程投资、工期和人员等。

4. 建立初步风险清单

应利用风险调研表或检查表建立初步风险清单，在清单中明确列出客观存在的和潜在的各种施工安全风险，包括影响工程安全、质量、进度、费用、环境、信誉等方面的各种风险。

5. 风险筛选

应根据风险辨识的结果，对工程施工安全风险进行二次识别，整理并筛选出与工程活动直接相关的各项风险，删除与工程活动无关或影响极小的风险因素及事故，并进一步进行识别分析，确定是否有遗漏或新发现的风险点。

6. 编制风险辨识报告

在风险辨识和风险筛选的基础上，应根据具体要求，结合工程特点和需要，以表格形式列出详细的风险点，并列出已辨识的工程建设风险清单。

（三）风险控制

城市隧道施工风险管理的目标是保障工程建设安全，减少工程施工安全风险损失，因此，工程建设各方的总体目标是一致的。在风险管理实施前，建设单位应说明工程施工安全风险管理要求，建立风险管理组织实施制度，明确工程建设各方职责，均衡工程建设各方的风险效益，协调工程建设各方的风险管理目标。

城市隧道建设风险控制方案应由工程建设单位负责组织编制，其他工程建设各方一起参与。应从城市隧道施工风险因素入手，完成风险辨识与评估，根据项目建设的总体目标，以提高对工程施工安全风险的控制能力、减少风险发生可能性和降低风险损失为原则，选择合理的风险处置对策，编制风险控制方案。

风险处置有以下四种基本对策，可选择一种或多种对策实施风险控制。

1. 风险消除

风险消除对策的目的是不让工程施工安全风险发生或将工程施工安全风险发生的概率降到最低。

2. 风险降低

风险降低对策是指通过修改技术方案等措施，降低工程建设风险发生的概率。

3. 风险自留

风险自留的前提是所接受的工程施工安全风险可能导致的损失比风险消除、风险降低和风险转移所需的成本低。在采取风险自留对策时，应制定可行的风险应急处置预案，采取必要的安全防护措施。

4. 风险转移

风险转移对策是指依法将工程建设风险的全部或部分转让或转移给第三方（专业单位），或通过保险等合法方式使第三方承担工程建设风险。

工程保险是风险转移的一种重要方式，城市隧道建设应购买工程保险。工程保险可保护参保人的利益，是完善工程承包责任制并有效协调各方利益关系的重要手段。

由于工程保险是风险发生后的风险转移措施，属于事故后的风险规避与经济补偿，在施工安全风险管理中，不应将工程保险作为一种降低风险的基本措施。同时，工程保险不能消除和减少建设单位风险管理的责任。

（四）施工期风险管理

1. 城市隧道施工期的主要风险因素

第一，邻近或穿越地下管线中的大口径管线（热力、电力、水管和通信管线等）、保护性建（构）筑物、军事区或重要设施是隧道的重要风险点。

第二，穿越地下障碍物施工。地下障碍物直接影响正常的施工，通常情况下，施工人员应将地下障碍物预先清除，对于特殊情况下需在施工中直接切削穿越的，施工单位应制定有效的风险控制措施。

第三，浅覆土层施工。浅覆土层是指隧道覆土厚度小于施工隧道直径1/2的工况。浅覆土层施工易造成开挖面失稳和隧道上浮等风险，并会加剧土体的扰动，发生塌陷等事故。

第四，小曲率区段施工。小曲率区段是指隧道曲线半径小于施工隧道直径1/50的工况。小曲率区段对隧道轴线的控制存在一定风险，因此，施工人员应加强对盾构姿态的控制，合理选择管片型号，并提高管片的拼装质量。

第五，大坡度段施工。大坡度段是指隧道轴线大于30%的区段。大坡度段施工易造成盾构姿态控制和隧道内水平运输困难，因此，施工人员应合理控制盾构姿态，选取水平运输机具。

第六，小净距隧道施工。小净距隧道是指两隧道间距小于隧道直径60%的工况。施工人员在施工时应严格控制参数，加强监测，并对两隧道之间区域实施地基加固措施。

第七，穿越江河段施工。穿越江河段是指所建隧道处在江河下的工况。穿越江河段施工易形成开挖面与江河贯通，以及隧道渗漏的风险。通常情况下，施工人员可采取提高开挖面稳定性，改善隧道抗位移、抗变形能力以及加强隧道防喷涌、防渗漏性能等风险控制措施。

第八，特殊地质条件或复杂地段施工。

另外，针对具体的城市隧道建设，应考虑增加车站、基坑、复杂工程安装、联络通道、进出洞等单项工程的施工风险分析。由于隧道建设存在大量的多工种、多专业交叉，因此应重视人员安全风险控制。

2. 施工期风险管理应完成的工作

第一，施工中的风险辨识和评估。

第二，编制现场施工风险评估报告，并以正式文件的形式发送给工程建设各方，经各方交流后形成风险管理实施文件记录。

第三，施工对邻近建（构）筑物影响风险分析。

第四，施工风险动态跟踪管理。

第五，施工风险预警预报。

第六，施工风险通告。

第七，现场重大事故上报及处置。

3. 施工期风险管理可采用的风险处置措施

第一，编写现场施工风险记录，建立现场风险管理监督机制。

第二，加强风险培训，增强施工管理人员和现场施工人员的风险防范意识。

第三，对Ⅲ级及以上风险编制风险处置措施，建立工程施工预警监控系统。

第四，对重大风险必须进行专项风险论证，并编制风险监控方案与应急预案。

第五，保险单位应参与工程施工风险管理，实施风险均衡控制。

第六，预先成立工程施工安全风险事故抢险专业队伍，做好人员和物资的储备工作。一旦施工现场发生重大施工安全风险事故，施工单位应及时上报建设单位和相关政府主管部门，并及时组织人员抢险。

事故抢险或救灾结束后，建设单位应按相关规定组织专项调查，并进行风险事故通报，落实防范和整改措施，避免风险事故再次发生。

第四章　市政管道工程建设施工

第一节　市政给水管道工程

一、给水管网系统布置

（一）给水管网布置原则

给水管网的规划布置应符合下列原则。

第一，给水管网布置应符合城市总体规划的要求，考虑给水系统分期建设的可能性，并留有充分的发展余地。

第二，给水管网应布置在整个供水区域内，在技术上要使用户有足够的水量和水压，并保证输送的水质不受污染。

第三，给水管网布置必须保证供水安全可靠，当局部管网发生故障时，断水范围应减到最小。

第四，给水管网布置力求以最短距离敷设管线，并尽量减少穿越障碍物等，以节约工程投资与运行管理费用。

第五，给水管网布置应尽量减少拆迁，少占农田或不占农田；管渠的施工、运行和维护应方便。

给水管网的规划布置主要受给水区域的下列因素影响：地形起伏情况；天然或人为障碍物及其位置；街道情况及其用户的分布情况，尤其是大用户的位置；水源、水塔、水池的位置等。

（二）给水管网布置的基本形式

在遵循给水管网布置的原则和要求的情况下，给水管网有两种基本的布置形式：树状管网和环状管网。

在树状管网中，从水厂二级泵站或水塔到用户的管线布置似树枝状。随着管线从水厂泵站或水塔到用户管线的延伸，即顺着水流方向，其管径越来越小。当管网中的任意一段管线损坏时，在该管线以后的所有管线就会断水。因此，树状管网的供水可靠性较差。而且，在树状管网的末端，因用水量已经很小，管线中的水流缓慢，甚至停滞不流动，所以水质容易变坏。但这种管网的总长度较短，构造简单，投资较少，因此最适用于小城镇和小型工矿企业，或者在建设初期采用树状管网，待以后条件具备时，再逐步发展成环状管网。

在环状管网中，管线连接成环状。当任意一段管线损坏时，维修人员可以关闭附近的阀门，与其余的管线隔开，然后进行检修，而水还可从另外管线供应用户，这将缩小断水的范围，从而增加供水可靠性。环状管网还可以大大减轻因水锤作用产生的危害，而树状管网往往因此使管线损坏。但是，环状管网的管线总长度较长，建设投资明显高于树状管网。供水连续性、安全性要求较高的供水区域一般采用环状管网。

一般来说，城镇在建设初期可采用树状管网，随着城镇的发展逐步连成环状管网。实际上，现有城市的给水管网多数是将树状网和环状网结合起来。在城市中心地区，给水管网往往布置成环状网，在郊区则以树状网形式向四周延伸。对供水可靠性要求较高的工矿企业须采用环状网，并用树状网或双管输水至较远的车间。

给水管网的布置既要考虑供水的安全性，也要经济合理。从安全性来看，环状管网优于树状管网；从经济性来看，树状管网的投资较少。在管线的布置过程中，建设单位既要考虑供水的安全性，也要考虑节约投资的可能性，即尽量以最短的线路敷管，考虑分期建设的可能性，先按近期规划敷管，到远期随着用水量的增大再逐步增设管线。给水管网的布置对管网的施工难易程度以及系统的运行和经营管理等有较大的影响。因此，在进行给水管网的具体规划布置时，设计单位应深入调查研究，对多个可行的布置方案进行技术经济比较后再加以确定。

（三）给水管网定线

给水管网定线是指在地形平面图上确定管线的位置和走向。定线一般只限于管网的干管和干管的连接管，包括输水管渠和配水干管，不包括从干管到用户的分配管和接到用户的进水管。

城镇给水管网一般敷设在街道下，就近供给两侧用户，因此，给水管网的平面形状也就依城市的总平面图而定。定线取决于城镇的平面布置，供水区的地形，水源和调节构筑物的位置，街区和用户（尤其是大用户）的分布，河流、铁路、桥梁的位置等。

1. 输水管渠定线

输水管渠线路的选择，涉及城乡工农业诸方面的问题，线路选择的合理与否，对工程投资、建设周期、运行和管理等均产生直接影响，尤其是对跨流域、远距离输水工程的影响更大，因此，必须全面考虑，慎重选定。

输水管渠定线必须与城市建设规划相结合，尽量缩短线路长度，减少拆迁，少占农田或不占农田，以利于管渠施工和运行维护，保证供水安全；应选择最佳的地形和地质条件，尽量沿现有道路定线，以便施工和检修；减少与铁路、公路和河流的交叉；管线避免穿越滑坡、岩层、沼泽、高地下水位和河水淹没与冲刷地区，以降低造价和便于管理。

输水管渠的特点是距离长，因此与河流、高地、交通路线等的交叉较多。在多数情况下，输水管渠定线缺乏现成的地形平面图作参照。如有地形图，设计人员应先在图上初步选定几种可能的定线方案，然后到现场沿线踏勘，从投资、施工、管理等方面，对各种方案进行技术经济比较后再作决定。若缺乏地形图，则设计人员需在踏勘选线的基础上，进行地形测量，绘出地形图，然后在图上确定管线位置。

输水管渠定线经常会遇到山嘴、山谷、山岳等障碍物，以及穿越河流和干沟等。这时，设计人员应考虑：在山嘴地段，是绕过山嘴，还是开凿山嘴；在山谷地段，是延长路线绕过，还是用倒虹管穿过；遇到独山时，是从远处绕过，还是开凿隧洞通过；穿越河流或干沟时，是用过河管，还是用倒虹管等。即使在平原地带，为了避开工程地质不良地段或其他障碍物，输水管渠也须绕道而行或采取有效措施穿过。

为保证用水安全，可以用一条输水管渠，在用水区附近建造水池，进行流量调节，或者采用两条输水管渠。输水管渠的条数主要根据输水量、事故时需保证的用水量、输水管渠长度、当地有无其他水源和用水量增长情况而定。在供水不许间断的情况下，输水管渠一般不宜少于两条。当输水量小、输水管渠长或有其他水源可以利用时，可考虑单管渠输水另加调节水池的方案。

为避免输水管渠局部损坏，输水量降低过多，可在平行的2条或3条输水管渠之间设置连接管和阀门，以缩小事故检修时的断水范围。

为便于排气、管道冲洗消毒和检修时排除管道积水，输水管渠在敷设时应有一定的坡度，即使在平坦地区，管线也应设置成一定的坡度，以便在管坡顶点设排气阀，管坡低处设泄水阀。排气阀一般以每千米设一个为宜，在管线起伏处应适当增设。管线埋深应考虑地面荷载情况和当地实际条件，在严寒地区敷设的管线应注意防止冰冻。

2. 配水干管定线

在遵循市政给水管网布置原则的情况下，配水干管定线要考虑水源、水塔等位置，应符合城市路网规划要求，沿原有道路和规划道路敷设，将管线合理分布于全供水区，尤其注意高、远、偏等缺水地区，并尽可能地布置在较高的位置，保证附近用户配水管中有足够压力，增强管道的供水安全性。干管的间距根据街区情况，隔一定距离设横跨管，充分考虑配水管的设置，留有接口。干管的布置也要考虑未来的发展，分期建设。为便于调节水量和检修，要在管线上设附属设备，如阀门、消火栓。

配水干管定线可按以下要点进行：干管的延伸方向应与水源（二级泵站）输水管渠、水池、水塔、大用户的方向基本一致；随水流方向，以最短的距离布置一条或数条干管，干管位置应从用水量较大的街区通过；干管的间距一般为500～800m。从经济性来看，给水管网的布置采用一条干管接出许多支管形成树状网，费用最少，但从供水可靠性来看，以布置几条接近平行的干管并形成环状网为宜。因此，应在干管与干管之间的适当位置设置连接管以形成环状管网。连接管的作用在于局部管线损坏时，连接管可以重新分配流量，从而缩小断水范围，提高供水管网系统的可靠性。连接管之间的间距一般为800～1000m。干管与干管、连接管与连接管之间的距离远近，主要取决于供水区域的大小和要求，一般是在保证供水要求的前提下，干管和连接管的数量尽量减少，以节省投资。

干管一般按城镇规划道路定线，尽量避免在高级路面或重要道路下通过，以减少检修时的困难。管线在道路下的平面位置和高程，应符合城镇或厂区地下管线综合设计的要求。

为保证给水管道在施工和维修时不对其他管线与建（构）筑物产生影响，给水管道在平面布置时，应与其他管线和建（构）筑物有一定的水平距离。

给水管道相互交叉敷设时，最小垂直净距为0.15m；给水管道与污水管道、雨水管道或输送有毒液体的管道交叉时，给水管道应敷设在上面，最小垂直净距为0.4m，且接口不能重叠；当给水管道必须敷设在下面时，应采用钢管或钢套管，钢套管伸出交叉管的长度，每端不得小于3m，且套管两端应用防水材料封闭，并应保证0.4m的最小垂直净距。

在供水范围内的道路下还需敷设分配管，以便把干管的水送到用户和消火栓。分配管最小直径为100mm，大城市采用150～200mm，主要原因是使通过消防流量时分配管中的水头损失不致过大，以免火灾地区的水压过低。接户管一般连接于分配管上，以此将水接入用户的配水管网。一般情况下，每一用户设一条接户管，重要或用水量较大的用户可采用两条或数条，并由不同方向接入，以增强供水的可靠性。

为了保证给水管网的正常运行，便于消防和管网的维修管理工作，管网上必须安装各种必要的附件，如阀门、消火栓、排气阀和泄水阀等。

阀门是控制水流、调节流量和水压的设备，其位置和数量要满足故障管段的切断需要，应根据管线长短、供水重要性和维修管理情况而定。一般情况下，干管上每隔500～1000m设一个阀门，并设于连接管的下游；在干管与支管相接处，应在支管上设阀门，以便支管检修时不影响干管供水；干管和支管上消火栓的连接管上均应设阀门；配水管网上两个阀门之间独立管段内消火栓的数量不宜超过5个。

消火栓应布置在使用方便、显而易见的地方，距建筑物外墙应不小于5m，距车行道边不大于2m，以便于消防车取水而又不影响交通。一般情况下，消火栓常设在人行道边，两个消火栓的间距不应超过120m。

排气阀用于排除管道内积存的空气，以减小水流阻力，一般设在管道的高处。

泄水阀用于排空管道内的积水或排出管道内的沉积物，以便于检修时排空管道，一般设在管道的低处。

泄水管和泄水阀的布置应考虑排水的出路。

干管的高处应装设排气阀，用以排出管中积存的空气，减少水流阻力；当管线损坏出现真空时，空气可经该阀门进入水管。管线低处和两阀门之间的低处应装设泄水管，管上须安装阀门，以便检修时放空管内积水。

二、管件及附件

（一）给水管件

在管线转弯、分支、直径变化处，连接其他附件或设备处，常需要各种配件。这些管配件被称为管件。例如，在水流分支处可用三通、四通（或称丁字管和十字管）；在变换管径时，用渐缩或偏心渐缩管件（亦称大小头）；改变接口形式用短管；管道转弯时用各种角度的弯管等。

钢管安装所需的管配件多为钢板焊接而成，其尺寸可按照给排水设计手册或者标准图集确定。

非金属管如石棉水泥或预应力混凝土管，采用特制的铸铁配件或钢制配件。塑料管件则用现有的塑料产品或现场焊制。

（二）给水附件

市政管道附件包括控制附件和配水附件，控制附件指的是各类阀门，配水附件主要是指消火栓。

1. 阀门

阀门是用来调节水量和水压的重要设施，一般设置在管线的分支处、较长的直线管段上，或穿越障碍物前。因大口径阀门价格较高，并会引起管路的水力损失，在保证调节灵活的前提下，市政管道应尽量少设置阀门。

2. 排气阀和泄水阀

排气阀安装在管线的隆起部分，使管线投产或检修后通水时，管内空气经此阀排出；平时用来排出从水中释出的气体，以免空气积存管中减小管道过水断面，增加管道的水头损失。检修时，排气阀可使管线自动进入空气，保持排水通畅。产生水锤时，排气阀可使空气自动进入，避免产生负压。

排气阀是根据浮体在液体中随液面高低产生位移而工作的，常用的是单口排气阀。阀壳内设有铜网，铜网里装有浮球。当水管内无气体时，浮球上浮封住排气口。随着气量的增加，空气升入排气阀上部聚积，使阀内水位下降，浮球靠自重下降。而当浮球离开排气口时，空气由排气口排出，如果拧紧自动排气阀顶部的阀帽，则自动排气阀停止排气。在通常情况下，阀帽应该处于开启状态，排气阀自动排气。

泄水阀用于排出管道积水。由于市政给水管网投产前须冲洗和消毒，检修时需排出管道积水或沉积物，冬季时需防止管内积水冻坏管道，因此，应在泄水管线最低的部位安装泄水阀，同时考虑排水的出路。泄水阀和排水管径则由放空时间与放空方式决定。泄水阀和其他阀门一样，应设置于阀门井中，以便于维护和检修。

3. 消火栓

消火栓是用于市政消防的取水设施，由阀门、出水口和壳体等组成，与市政给水管网的分配支管相连接。栓前设置阀门，以便检修。

消火栓按其水压可分为低压式和高压式两种；按其设置条件可分为室内式、室外式、地上式和地下式。

（三）给水管网附属构筑物

1. 阀门井

各类管道附件一般安装在阀门井内。阀门井的平面尺寸由给水管的直径、阀门的规格尺寸、安装及维修的操作尺寸要求、建造费用要求来决定。井的深度由给水管的埋设深度决定。具体应满足下列操作尺寸要求：井底到给水管承口或法兰盘底的距离至少应为0.1m，法兰盘到井壁的距离至少应为0.15m，承口外缘到井壁的距离至少应为0.3m。

当阀门井处地下水位较高时，应采取防水密封措施以防止给水管穿井壁部位渗水，并对井底基础进行防渗处理，避免地下水渗入井内。

2. 管道支墩

在承插式接头的管线中，在水平面和垂直面的转弯处、三通支管的背部、管道尽端的管堵和缩小管径处都产生拉力，如果不加以支撑，接口就会松动脱节而漏水。因此，这些部位必须设置支墩。当管径小于300mm，或者管道转弯的角度小于10°，且水压力不超过1MPa时，一般土质地区的弯头处、三通管处可不设支墩；当管径小于400mm，试验压力不超过1MPa时，油麻、石棉水泥接口也可以不必在管端的管堵处设支墩。管道或附件的支墩和锚定结构应位置准确，锚定应牢固。

支墩应修筑在坚固的地基上。在无原状土做后背墙时，应采取措施，保证支墩在受力的情况下不会破坏管道的接口。当采用砌筑支墩时，原状土与支墩间应采用砂浆填筑，管道支墩应在管道接口做完、管道位置固定后修筑。管道安装过程中设置的临时固定支架，应在支墩的砌筑砂浆或混凝土达到固定强度后拆除。

3. 给水管道穿越障碍物

给水管道通过铁路、公路、河道和深谷等障碍物时必须采取一定的措施。当管线穿越铁路、公路时，应按照铁道部门有关穿越铁路的技术规范，采取如下措施。

第一，穿越临时铁路或一般公路，或非主要路线且给水管埋设较深时，可不设套管，但应尽量将铸铁管接口放在铁路两股道之间，并用青铅接头。钢管则应有防腐措施。

第二，穿越较重要的铁路或交通繁忙的公路时，水管须放在钢筋混凝土套管内，套管直径根据施工方法而定，大开挖施工时应比给水管直径大300mm，顶管方法施工时应较给水管的直径大600mm。穿越铁路或公路时，水管管顶应在铁路路轨底或公路路面以下1.2m左右。

第三，管线穿越河川山谷时，可利用现有桥梁架设水管，或敷设倒虹管，或建造水管桥，应根据河道特性、通航情况、河岸地质地形条件、过河管材料和直径、施工条件选用。

给水管架设在现有桥梁下穿越河流最为经济，施工和检修比较方便。通常情况下，水管架设在桥梁的人行道下。

倒虹管从河底穿越，其优点是隐蔽，不影响航运，但施工和检修不便。倒虹管设置一条或两条，在两岸应设阀门井。阀门井顶部高程应保证发生洪水时不致淹没。井内有阀门和排水管等。倒虹管顶在河床下的深度，一般不小于0.5m，但在航道线范围内不应小于1m。

倒虹管一般用钢管，还须加强防腐措施。当管径小、距离短时，倒虹管可用铸铁管，但应采用柔性接口。倒虹管直径按流速大于不淤积流速计算，通常小于上下游的管线直径，以降低造价，提高流速，减少管内淤积。

大口径水管质量大，架设在桥下有困难或当地无现成桥梁可利用时，建设单位可建造水管桥架空跨越河道。水管桥应有适当的高度，以免影响航行。架空管一般用钢管或铸铁管，以便于检修。架空管可以用青铅接口，也可以采用承插式预应力钢筋混凝土管。在过桥水管或水管桥的最高点，应安装排气阀，并且在桥管两端设置伸缩接头。冰冻地区应有适当的防冻措施。

第二节　市政排水管道工程

一、城市排水管道系统的组成

城市排水管道系统是城市排水系统很重要的组成部分，工程造价占整个城市排水系统的70%～80%。城市排水管道系统由污水管道系统和雨水管道系统组成。

（一）污水管道系统

城市污水管道系统包括小区污水管道系统和市政污水管道系统。小区污水管道系统主要是收集小区内各建筑物排出的污水（生活污水或工业废水），并将其输送到市政污水管道系统中，一般由接户管（或出户管）、小区支管、小区干管、小区主干管等管线和检查井、泵站等附属设施组成。

接户管（或出户管）承接某一建筑物排出的污水，并将其输送到小区支管；小区支管承接若干接户管的污水，并将其输送到小区干管；小区干管承接若干个小区支管的污水，并将其输送到小区主干管；小区主干管承接若干个小区干管的污水，并将其输送到市政污水管道系统中或小区的污水处理系统后排放或复用。

市政污水管道系统主要承接城市内各小区的污水，并将其输送到污水处理系统，经处理后再排放或复用。市政污水管道系统一般由支管、干管、主干管等管线和检查井、泵站、出水口、事故出水口等附属设施组成。支管承接若干小区主干管的污水，并将其输送到干管中；干管承接若干支管的污水，并将其输送到主干管中；主干管承接若干干管的污水，并将其输送至污水处理厂。

（二）雨水管道系统

降落在屋面上的雨水由檐沟或天沟、雨水斗收集，通过落水管输送到地面，与降落在地面上的雨水一起形成地表径流，然后通过雨水口收集流入小区的雨水管道系统，经过小区的雨水管道系统流入市政雨水管道系统，然后通过出水口排放。因此，雨水管道系统包括小区雨水管道系统和市政雨水管道系统。

小区雨水管道系统是收集、输送小区地表径流的管道及其附属构筑物，包括雨水口、小区雨水支管、小区雨水干管、雨水检查井等。

市政雨水管道系统是收集小区和城市道路路面上的地表径流的管道及其附属构筑物，包括雨水支管、雨水干管、雨水口、检查井、雨水泵站、出水口等附属设施。

雨水支管承接若干小区雨水干管中的雨水和所在道路的地表径流，并将其输送到雨水干管；雨水干管承接若干雨水支管中的雨水和所在道路的地表径流，并将其就近排放。

对于合流制排水系统，其排水管道系统由雨水口、雨水支管、混合污水支管、混合污水干管、混合污水主干管、污水检查井等组成，包括小区合流管道系统和市政合流管道系统。雨水经雨水口收集，由雨水支管进入合流管道，与污水混合后经市政合流支管、合流干管、截流主干管进入污水处理厂，或通过溢流井溢流排放。

二、排水管道系统的布置

（一）排水管道系统布置原则

第一，应按照城市总体规划，结合当地实际情况布置排水管道，并对多方案进行技术经济比较。

第二，应首先确定排水区界、排水流域和排水体制，然后布置排水管道，按照主干管、干管、支管的顺序进行布置。

第三，应充分利用地形，尽量采用重力流排除最大区域的污水和雨水，并力求使管线最短和埋深最浅。

第四，应协调好与其他地下管线和道路等工程的关系，考虑与小区或企业内部管网的衔接。

第五，应在规划时考虑使管渠的施工、运行和维护方便；远近期相结合，考虑分期建设的可能性，并留有充分的发展余地。

（二）排水管道系统布置形式

1. 排水管道系统的布置形式

在城市中，市政排水管道系统的平面布置由城市地形、城市规划、污水厂位置、河流位置、水流情况、污水种类、污染程度和工程造价等因素决定。在这些影响因素中，地形是最关键的因素。排水管道系统按城市地形考虑，有以下六种布置形式。

（1）截流式布置

为减轻水体的污染，保护和改善环境，在正交式布置的基础上，若沿排水流域的地势低边敷设主干管，将流域内各干管的污水截流送至污水厂，就形成了截流式布置。截流式布置适用于分流制排水系统，以主干管将生活污水、工业废水和初期雨水或各排水区域的生活污水、工业废水截流至污水厂处理后排放。

（2）正交式布置

地势向水体适当倾斜的地区可采用正交式布置。这种形式是使各排水流域的干管与水体垂直相交，使干管的长度短、管径小、排水及时、造价低。这种布置形式多用于老城市合流制排水系统。但由于污水未经处理就直接排放，会使水体遭受严重污染，影响环境，在现代城镇中，这种布置形式仅用于排除雨水。

（3）分区式布置

地势高差很大的地区可采用分区式布置。即在高地区和低地区分别敷设独立的管道系统，高地区的污水靠重力直接流入污水厂，而低地区的污水则靠泵站提升至高地区的污水厂。污水厂也可建在低处，低地区的污水靠重力直接流入污水厂，而高地区的污水则跌水至低地区的污水厂。其优点是充分利用地形，节省电力。

（4）分散式布置

当城市中央地势高，地势向周围倾斜，或城市周围有河流时，可采用分散式布置。即各排水流域具有独立的排水系统，其干管呈辐射状分布。其优点是干管长度短、管径小、埋深浅，但需建造多个污水厂。因此，这种布置形式适宜排出雨水。

（5）平行式布置

地势向水体有较大倾斜的地区可采用平行式布置，使排水流域的干管与水体或等高线基本平行，主干管与水体或等高线成一定斜角敷设。这样可避免干管坡度和管内水流速度过大而使干管受到严重冲刷。

（6）环绕式布置

在分散式布置的基础上，敷设截流主干管，将各排水流域的污水截流至污水厂进行处理，便形成了环绕式布置。它是分散式发展的结果，适用于建造大型污水厂的城市。

2.污水管道系统布置的主要内容

污水管道系统布置的主要内容有：确定排水区界，划分排水流域；选择污水厂出水口的位置；拟定污水主干管及干管的路线；确定需要提升的排水区域和设置泵站的位置等。平面布置的合理与否，会影响整个排水系统的投资效果。

（1）确定排水区界、划分排水流域

污水排水系统设置的界限为排水区界。它是根据城市规划的设计规模确定的。一般情况下，凡是卫生设备设置完善的建筑区都应布置污水管道。

排水区界一般根据地形被划分为若干个排水流域。在丘陵和地形起伏的地区，流域的分界线与地形的分水线基本一致，由分水线所围成的地区即为一个排水流域。在地形平坦、无显著分水线的地区，应使主干管在最小埋深的情况下，让绝大部分污水自流排出。如有河流或铁路等障碍物贯穿，应根据地形、周围水体和倒虹管的设置等情况，经过方案比较，决定是否分为几个排水流域。每一个排水流域应有一根或一根以上的干管，根据流域高程情况，就能确定干管水流方向和需要污水提升的地区。

（2）污水厂和出水口位置的选定

现代化的城镇需将各排水流域的污水通过主干管送到污水厂，经处理后排放，以保护受纳水体。因此，在布置污水管道系统时，应遵循以下原则来选定污水厂和出水口的位置。

第一，出水口应位于城市河流的下游。

第二，出水口不应设在回水区，以防回水区的污染。

第三，污水厂要位于河流的下游，并与出水口尽量靠近，以减少排放渠道的长度。

第四，污水厂应设在城镇夏季主导风向的下风向，并与城镇、工矿企业和郊区居民点保持300m以上的卫生防护距离。

第五，污水厂应设在地质条件较好，不受雨水、洪水威胁的地方，并有扩建的余地。

应综合考虑以上原则，在取得当地卫生和环保部门同意的条件下，确定污水厂和出水口的位置。

（3）污水管道的布置与定线

污水管道的平面布置一般按主干管、干管、支管的顺序进行。总体规划只决定污水主干管、干管的走向与平面位置，详细规划决定污水支管的走向和位置。

在进行定线时，要在充分掌握资料的前提下综合考虑各种因素，使拟定的路线能因地制宜地利用有利条件，避免不利条件。通常情况下，影响污水管道平面布置的主要因素有：地形和水文地质条件，城市总体规划、竖向规划和分期建设情况，排水体制、路线数目，污水处理利用情况、污水处理厂和排放口位置，排水量大的工业企业和公共建筑情况，道路和交通情况，地下管线和构筑物的分布情况。

地形是影响管道定线的主要因素。定线时应充分利用地形，在整个排水区域较低的地方，如集水线或河岸低处敷设主干管及干管，便于支管的污水自流接入。地形较复杂的地区宜布置几个独立的排水系统，如在地表中间隆起的地区布置两个排水系统。地势起伏较大的地区宜布置高低区排水系统。高区不宜随便跌水，应利用重力将污水排入污水厂，并减少管道埋深；个别低洼地区应局部提升。

污水主干管的走向与数目取决于污水厂和出水口的位置与数目。例如，大城市或地形平坦的城市，可能要建几个污水厂，分别处理与利用污水，这就需要设几条主干管。若几个城镇合建污水厂，则需建造相应的区域污水管道系统。

污水干管一般沿城镇道路敷设，不宜设在交通繁忙的快车道下和狭窄的道路下，也不宜设在无道路的空地上，通常设在污水量较大或地下管线较少一侧的人行道、绿化带或慢车道下。当道路宽度超过40m时，可考虑在道路两侧各设一条污水管，以减少连接支管的数目和与其他管道的交叉，并便于施工、检修和维护管理。污水干管最好以排放大量工业废水的工厂（或污水最大的公共建筑）为起点，从而既能较快发挥效用，还能保证良好的水力条件。

污水支管的平面布置取决于地形和街区建筑特征，并应便于用户接管排水。当街区面积较小而街区污水管道可采用集中出水方式时，街道支管敷设在服务街区较低侧的街道下，即低边式布置；当街区面积较大且地形平坦时，宜在街区四周的街道敷设污水支管，建筑物的污水排出管可与街道支管连接，即周边式布置；当街区已按规定确定，街区内的污水管道已按各建筑物的需要设计，组成一个系统时，可将该系统穿过其他街区并与所穿过的街区的污水管道相连接，即穿坊式布置。

（4）确定污水管道系统的控制点和泵站的设置地点

控制点是指在污水排水区域内，对管道系统的埋深起控制作用的点。各条干管的起点一般是这条管道的控制点。这些控制点中离出水口最远的点，通常是整个管道系统的控制点。具有相当深度的工厂排出口或者某些低洼地区的管道起点也可能成为整个管道系统的控制点，由于它的埋深影响整个管道系统的埋深，从而影响整个市政排水管道工程的造价。确定控制点的管道埋深，一方面应根据城市的竖向规划，保证排水区域内各点的污水都能自流排出，并考虑留有适当的余地；另一方面，不能因照顾个别点而增加整个管道系统的埋深。对于这些点，应采取增加管材强度，填土提高地面高程以保证管道所需的最小覆土厚度，设置泵站提高管位等措施，减小控制点的埋深，从而减小整个管道系统的埋深，降低工程造价。

在排水管道系统中，当管道的埋深超过最大允许埋深时，应设置泵站以提高下游管道的管位，减少管道开挖的土方量，降低工程造价，这种泵站被称为中途泵站；当地形起伏较大时，往往需要将地势较低处的污水抽升至地势较高地区的污水管道中，这种抽升局部地区污水的泵站称为局部泵站；污水管道系统终点的埋深一般很深，而污水厂的第一个处理构筑物埋深较浅，或设在地面以上，这时需要将管道系统输送来的污水抽升到第一个处理构筑物中，这种泵站称为终点泵站或总泵站。泵站设置的具体位置，应综合考虑环境卫生、地质、电源和施工条件等因素，并征得规划、环保、城建等部门的许可。

（5）确定污水管道在街道下的具体位置

随着城镇现代化进程的加快，街道下各种管线和地下工程设施越来越多，这就需要建设单位在各单项管道工程规划的基础上，综合规划，统筹考虑，合理安排各种管线的空间位置，以利于施工和维护管理。

由于污水管道在使用过程中难免会出现渗漏和损坏现象，有可能对附近建筑物和构筑物的基础造成危害，甚至污染生活饮用水，污水管道与建筑物应有一定间距，与生活给水管道交叉时，应敷设在生活给水管道的下面。

（三）雨水管渠系统布置

城市雨水管渠系统的布置与污水管道系统的布置相近，但也有自己的特点。雨水管渠规划布置的主要内容有：确定排水流域与排水方式，进行雨水管渠的定线；确定雨水泵房、雨水调节池、雨水排放口的位置等。

雨水管渠系统的布置要使雨水能及时、顺畅地从城镇和厂区内排出去，建设单位一般可从以下七个方面进行考虑。

第一，充分利用地形，就近排入水体。在规划雨水管线时，首先按地形划分排水区域，进行管线布置。应根据分散和直接的原则，尽量利用自然地形坡度，多采用正交式布置，重力流以最短的距离排入附近的池塘、河流、湖泊等水体中。只有水体位置较远且地形较平坦或地形不利的情况下，才需要设置雨水泵站。一般情况下，当地形坡度较大时，雨水干管宜布置在地形低处或溪谷线上。当地形平坦时，雨水干管宜布置在排水流域的中间，以便尽可能扩大重力流排出雨水的范围。

第二，根据街区和道路规划布置。雨水管道通常应根据建筑物的分布、道路的布置以及街坊或小区内部的地形、出水口的位置等布置，使街坊和小区内大部分雨水以最短距离排入雨水管道。道路边沟最好低于相邻街区的地面高程，尽量利用道路两侧边沟排出地面径流。雨水管渠应平行于道路敷设，宜布置在人行道或草地下，不宜设在交通量大的道路下。当路宽大于40m时，应考虑在道路两侧分别设置雨水管道。雨水干管的平面和竖向布置应考虑与其他地下管线和构筑物在相交处相互协调，以满足其最小净距的要求。

第三，合理布置雨水口，保证路面雨水顺畅排出。雨水口的布置应根据地形和汇水面积确定，以使雨水不至漫过路口。一般情况下，道路交叉口的汇水点、低洼地段均应设置雨水口。此外，应在道路上每隔 25 ~ 50m 设置一个雨水口。

第四，采用明渠和暗渠相结合的形式。市区和建筑密度较大、交通频繁地区应采用暗管排除雨水，虽然造价高，但卫生情况好，养护方便，不影响交通；城市郊区或建筑密度低、交通量小的地方可采用明渠，以节省工程费用，降低造价。地形平坦、深埋和出水口深度受限制的地区可采用暗渠（盖板明渠）排除雨水。

第五，出水口的设置。当出口的水体离流域很近，水体的水位变化不大，洪水位低于流域地面高程，出水口的建筑费用不大时，雨水管渠宜采用分散出口，以便雨水就近排放，使管线较短，减小管径。反之，雨水管渠可采用集中出口。

第六，调蓄水体的布置。应充分利用地形，选择适当的河湖水面作为调蓄池，以调节洪峰流量，降低沟道设计流量，减少泵站的设置数量。必要时，可以开挖池塘或人工河，以达到调节径流的目的。调蓄水体的布置应与城市总体规划相协调，把调蓄水体与景观规划结合起来，亦可以把储存的水量用于市政绿化和农田灌溉。

第七，排洪沟的设置。城市中靠近山麓建设的中心区、居住区、工业区，除了应设雨水管道外，还应考虑在规划地区周围设置排洪沟，以拦截从分水岭以内排泄下来的洪水，并将其引入附近水体，避免洪水的损害。

第三节　热力与燃气管道工程

一、热力管网的布置与敷设

（一）市政热力网的布置

城市热力网的布置应在城市规划的指导下，考虑热负荷分布，热源位置，与各种地上、地下管道及构筑物、园林绿地的关系，水文、地质条件等多种因素，遵循技术上可靠、经济上合理、与环境协调等原则，经技术经济比较后确定。具体来说，热力网管道的位置应符合下列规定。

第一，城市道路上的热力网管道应平行于道路中心线，并宜敷设在车行道以外的地方，同一条管道应只沿街道的一侧敷设。

第二，穿过厂区的城市热力网管道应敷设在易于检修和维护的位置。

第三，通过非建筑区的热力网管道应沿公路敷设。

第四，热力网管道选线时宜避开土质松软地区、地震断裂带、滑坡危险地带和高地下水位区等不利地段。

第五，管径小于或等于300mm的热力网管道，可穿过建筑物的地下室或用开槽施工法自建筑物下专门敷设的通行管沟内穿过。用暗挖法施工穿过建筑物时，不受管径限制。

第六，热力网管道可与自来水管道、电压10kV以下的电力电缆、通信线路、压缩空气管道、压力排水管道和重油管道一起敷设在综合管沟内。但热力管道应高于自来水管道和重油管道，并且自来水管道应做绝热层和防水层。

第七，地上敷设的城市热力网管道可与其他管道敷设在同一管架上，但应便于检修，且不得架设在腐蚀性介质管道的下方。

（二）市政热力网的布置形式

市政热力网的布置形式类似市政给水管网，其主要布置形式有枝状、环状、放射状和网络状。

枝状布置形式，因形式简单、投资少、运行管理方便而被普遍使用，但这种系统不具有后备供热的能力。当管网某处发生故障时，其故障点后的热用户都将不能得热。但由于热水的热惰性较蒸汽大，且建筑物本身具有一定的蓄热能力，维修人员可采用迅速消除热网故障的办法，使建筑物室温不致大幅度降低。

环状布置形式即将供热主干线连接成环状。特别是城市由多热源供热时，各热源连接在环状主管网上。这种方式投资高，但是相对枝状管网来说，运行更加安全可靠。

放射状布置形式类似枝状布置形式。当主热源在供热区域中心地带时，可采用这种方式，从主热源向各个方向辐射状地敷设几条主干线，以向用户供热。这种方式减小了主管线的管径，但是增加了主管线的长度。总体而言，这种方式的投资增加不多，但给运行管理带来较大方便。

网络状布置形式由很多小型环状管网组成，并将各小型环状管网连接在一起。这种方式投资大，但运行管理方便、灵活、安全、可靠。

目前，国内以区域锅炉房为热源的热水供热系统，供热面积大，一般可以达到数万至数十万平方米，而以热电厂为热源或具有几个热源的大型供热系统，供热面积可以达到数百万平方米。在此种情况下，可以将热电厂与区域锅炉房联合供热或几个热电厂联合供热，将输配干线布置成环状，而干管和用户支管仍为枝状网。其主要特点是供热可靠性大，但投资大，运行管理复杂，要求有较高的自动控制措施。因此，枝状管网是热力管网普遍采用的方式。

（三）市政热力网的敷设

热力管道的敷设分为地上敷设和地下敷设两种类型。

1. 地上敷设

地上敷设是指管道敷设在地面以上的独立支架或建筑物的墙壁上。根据支架高度的不同，地上敷设一般有低支架敷设、中支架敷设、高支架敷设三种形式。

低支架敷设时，管道保温结构底距地面净高为0.5～1.0m，它是最经济的敷设方式；中支架敷设时，管道保温结构底距地面净高为2.0～4.0m，它适用于人行道和非机动车辆通行地段；高支架敷设时，管道保温结构底距地面净高为4.0m以上，它适用于供热管道跨越道路、铁路或其他障碍物的情况，但投资较大，应尽量少用。

地上敷设的优点是构造简单、维修方便、不受地下水和其他管线的影响，但占地面积多、热损失大、美观性差。因此，地上敷设多用于厂区和市郊。

2. 地下敷设

地下敷设是热力管网广泛采用的方式，分为管沟敷设和直埋敷设两种形式。管沟敷设时，管沟是敷设管道的围护构筑物，用以承受土压力和地面荷载并防止地下水的侵入。管沟分为不通行管沟、半通行管沟和通行管沟。

不通行管沟敷设，在施工质量良好和运行管理正常的条件下，可以保证运行安全可靠，投资也较小，是管沟敷设的推荐形式。

通行管沟可在沟内进行管道的检修，内有照明和良好的通风装置，是穿越不允许开挖地段的必要的敷设形式。因条件所限，采用通行管沟有困难时，可以半通行管沟代之，但沟中只能进行小型的维修工作。例如，维修人员在进行更换钢管等大型检修工作时，只能打开沟盖进行。

半通行管沟可以准确判定故障地点、故障性质，起到缩小开挖范围的作用。

直埋敷设管道应采用由专业工厂预制的整体式直埋保温管（也称管内管）。

整体式预制保温管将钢管、保温层和保护层紧密地黏结成一体，具有足够的机械强度和良好的防腐防水性能，可以利用土壤与保温管间的摩擦力约束管道的热伸长，从而实现无补偿敷设。直埋式热力管对管道的机械强度和可靠性要求较高，其保温层一般为聚氨酯硬质泡沫塑料，保护层一般采用高密度聚乙烯硬质塑料或玻璃钢，也有采用钢套管的。

热水热力网管道地下敷设时，应优先采用直埋敷设；热水或蒸汽管道采用管沟敷设时，应首选不通行管沟敷设；穿越不允许开挖检修的地段时，应采用通行管沟敷设；当采用通行管沟困难时，可采用半通行管沟敷设。蒸汽管道采用管沟敷设困难时，可采用保温性能良好、防水性能可靠、保护管耐腐蚀的预制保温管直埋敷设，其设计寿命不应低于25年。

按照城市市容美观要求，居住区和城市街道上热力网管道宜采用地下敷设。热力网管道地下敷设时，宜采用不通行管沟敷设或直埋敷设；穿越不允许开挖检修的地段时，应采用通行管沟；当采用通行管沟有困难时，可采用半通行管沟。鉴于我国城市的实际状况，有时难以找到地下敷设的位置，或者地下敷设条件十分恶劣，此时可以采用地上敷设。但在设计时应采取措施，使管道较为美观。对于工厂区，热力网管道地上敷设优点很多：投资低，便于维修，不影响美观，且可使工厂区的景观增色。因此，工厂区的热力网管道宜采用地上敷设。

二、燃气管道工程

（一）城市燃气管道的分类及选择

城市燃气输配系统的主要部分是燃气管网，燃气管道的气密性与输气压力有密切的关系，燃气的压力越高，管道接头脱节或管道本身出现裂缝的可能性和危险性也就越大。管道内燃气的压力不同，对管道材质、安装质量、检验标准和运行管理的要求也就不同。

根据压力级制的不同，我们可将燃气输配管网分为一级系统、二级系统、三级系统和多级系统四种。一级系统仅用低压管网来输送和分配燃气，一般适用于小城镇的燃气供应系统。二级系统由低压和中压B或低压和中压A两级管网组成。三级系统由低压、中压和高压三级管网组成。多级系统由低压、中压B、中压A和高压B，甚至高压A的管网组成。

居民用户和小型公共建筑用户一般直接由低压管道供气。低压管道输送人工燃气时，压力不大于2kPa；输送天然气时，压力不大于3.5kPa；输送液化石油气时，压力不大于5kPa。

中压B和中压A管道只有经过区域调压站或用户专用调压站，才能给城市分配管网低压和中压管道供气，或给工厂企业、大型公共建筑用户和锅炉房供气。

一般来说，由城市高压B燃气管道构成大城市输配管网的外环网，这是大城市供气的主动脉，只有通过调压站才能进入中压管道、高压储气罐以及工艺需要高压燃气的大企业。

高压A输气管道通常是贯穿省、地区或连接城市的长输管线，有时也构成大城市输配管网的外环网。

城市管网系统中各级压力的干管，特别是中压以上压力较高的管道，应连成环网，初建时可以建成枝状管网或半环状管网，随着城市的发展逐步建成环网。

在燃气输配系统中，各种压力级别的燃气管道应通过调压装置相连。当管道压力有可能超过最大允许工作压力时，应设置防止管道超压的安全保护设备。

城市、工厂区和居民点可由长距离输气管线供气。个别距离城市较远的大型用户，经论证，在经济合理和安全可靠的条件下，可自设调压站与长输管线连接。除了一些允许设专用调压器的、与长输管线相连接的管道检查站用气外，单个的居民用户不得与长输管线相连接。

在确定有充分必要的理由和安全措施可靠的情况下，经上级部门批准，城市里也可以采用高压管道。同时，随着科学技术的发展，在新建城市燃气管网系统和改建旧有的系统时，燃气管道可采用更高的压力，这样可以提高管道的输气能力或降低燃气管道的工程造价。

城镇燃气输配系统压力级制应根据燃气供应来源，用户的用气量及其分布，城市地形和障碍物情况，地下管线情况和地下建筑物、构筑物的情况，管材设备供应条件，施工和运行等因素，经过多方案比较，择优选取技术经济合理、安全可靠的方案。

（二）城市燃气管道的布线

1. 城市燃气管道的布线依据

城市燃气管道的布线是指决定各管段的具体位置。城市燃气管道均采用地下敷设。地下燃气管道宜沿城市道路、人行便道或者绿化带敷设。其布线的主要依据有：管道中燃气的压力；街道及其地下管道的密集程度与布置情况；街道交通量和路面结构情况，以及运输干线的分布情况；所输送燃气的含湿量，必要的管道坡度，街道地形变化情况；与该街道相连接的用户数量及其用气情况；线路上所遇到的障碍物情况；土壤性质、腐蚀性能和冰冻线深度；该管道在施工、运行和万一发生故障时，对交通和居民生活的影响情况。

2. 燃气管道的布置形式

市政燃气管道根据建筑的分布情况和用气特点，其布置方式可分为四种形式：树枝式、双干线式、辐射式和环状式。

（1）树枝式布置

树枝式布置形似大树枝杈，由气源点引出干管，再从干管逐级延伸出支管通向各个用户端。这种布置方式结构简洁，设计与施工难度低，初期建设所需资金较少，在城市发展初期或用户分散区域能够快速搭建起燃气供应系统。然而，其供气可靠性较差，一旦干管或重要支管出现故障，故障点后的用户都会面临停气问题，并且末端压力损失大，可能影响燃气使用效果。

（2）双干线式布置

双干线式布置设置两条平行的主干管，通过连接管与支管相连，构建起稳定的供气网络。两条主干管可相互备用，当其中一条出现故障时，另一条能维持供气，极大提高了供气可靠性，还能有效平衡燃气压力，提升输送效率。但该形式建设成本较高，铺设两条主干管及连接管增加了材料和施工费用，后期维护工作量也较大，适合对供气可靠性要求高的商业区、大型居民区。

（3）辐射式布置

辐射式布置以气源点为中心，向四周呈辐射状铺设多条主干管，各主干管独立向不同区域用户供气。这种布置方式减少了燃气输送中间环节，供气效率高，各主干管相对独立，故障影响范围小，供气可靠性较好。不过，多条主干管的铺设使得建设成本显著增加，施工难度大，且对气源点依赖性强，适合面积大、用户集中且燃气需求量大的大型城市或工业区。

（4）环状式布置

环状式布置将燃气管道连接成封闭环形网络，燃气在环网中可双向流动。其供气可靠性极高，管道某处出现故障时，燃气能通过其他路径输送，基本不会造成大面积停气，还能均匀分配压力，便于管道的扩展与维护。但环状式布置建设成本最高，对施工质量和连接技术要求严格，适用于城市核心区域、重要公共设施集中区以及对供气连续性要求严苛的工业生产区域。

3. 燃气管道的布置

燃气管道在平面上的布置要根据管道内的压力、道路情况、地下管线情况、地形情况、管道的重要程度等因素确定。

（1）高、中压管道的平面布置

高、中压管网的主要功能是输气，并通过调压站向低压管网的各环网配气，一般按以下情况进行平面布置。

高压管道宜布置在城市边缘或市内有足够埋管安全的地带，并应成环以增加供气的安全性。中压管道应布置在城市用气区便于与低压环网连接的规划道路上，但应尽量避免沿车辆来往频繁或闹市区的交通线敷设，否则会对管道施工和管理维修造成困难。中压管道应布置成环网，以提高供气和配气的安全可靠性。

高、中压管道的布置应考虑调压站的布置位置和对大型用户直接供气的可能性，应使管道通过这些地区时尽量靠近各调压站和大型用户，以缩短连接支管的长度。从气源厂连接高压或中压管道的连接管段应采用双线敷设。

由高、中压管道直接供气的大型用户，其用户支管末端必须考虑设置专用调压站的位置。高、中压管道应尽量避免穿越铁路等大型障碍物，以减少工程量和投资。

高、中压管道是城市输配系统的输气和配气主干线，因此，必须综合考虑近期建设与长期规划的关系，以延长已经敷设管道的有效使用年限，减少建成后改线、增大管径或增设双线的工程量。当高、中压管网初期建设的实际条件只允许布置半环形甚至枝状管网时，应根据发展规划，使之与规划环网有机联系，防止以后出现不合理的管网布局。

（2）低压管网的平面布置

低压管网的主要功能是直接向各类用户配气，因此，其布置应考虑下列情况。

低压管道的输气压力低，沿程允许的压降也较低，故低压管网的每环边长一般控制在300～600m。

低压管道直接与用户相连，而用户数量随着城市建设发展而逐步增加，故低压管道除了以环状管网布置外，也允许以枝状管道布置。有条件时，低压管道宜尽可能布置在街区内兼做庭院管道，以节省投资。

低压管道可以沿街道的一侧敷设，也可以双侧敷设。在有轨电车通行的街道上，当街道宽度大于20m、横穿街道的支管过多时，低压管道可采用双侧敷设。

低压管道应按照规划道路布线，并应与道路轴线或建筑物的前沿相平行，尽可能避免在高级路面下敷设。

为了保证在施工和检修期间互不影响，也为了避免漏出的燃气影响相邻管道的正常运行，甚至逸入建筑物内，地下燃气管道与建筑物、构筑物和其他各种管道之间应保持必要的水平净距与垂直净距。

燃气管道在铁路、电车轨道和城市主要交通干线下穿过时，应敷设在套管或管沟内。管道敷设在钢套管内时，套管两端超出路基底边且至铁路边轨的距离不小于2.5m，至电车道边轨的距离不小于2.0m。置于套管内的燃气管段焊口应该最少，并需经物理方法检查，还应采用特加强绝缘层防腐。燃气管道对埋深的要求是：从轨底到燃气管道保护套管管顶的距离应不小于1.2m。在穿越工厂企业的铁路专用支线时，燃气管道的埋深有时可略小。

燃气管道在穿越电车轨道和城市主要交通干线时，允许敷设在钢制的、铸铁的、钢筋混凝土或石棉水泥的套管中。穿过城市非主要干道，并位于地下水位以上的燃气管道，可敷设在过街管沟里。

燃气管道采用穿越河底的敷设方式时，应尽可能在直线河段，并与水流轴向垂直，从河床两岸有缓坡而又未受冲刷、河滩宽度最小的地方穿越。燃气管道从水下穿越时，一般宜用双管敷设。每条管道的通过能力是设计流量的75%，但环形管网可由另侧保证供气，由枝状管道供气的工业企业在过河管检修期间，可用其他燃料代替，允许采用单管敷设。在不通航河流和不受冲刷的河流下，双管允许敷设在同一沟槽，两管的水平净距不应小于0.5m。当双管分别敷设时，平行管道的间距应根据水文地质条件和水下挖沟的施工条件确定，按规定不得小于30～40m。燃气管道在河床下的埋设深度，应根据水流冲刷的情况确定，一般不小于0.5m。通航河流还应考虑疏浚和抛锚的深度。在穿越不通航或无浮运的水域，当有关管理机关允许时，可以减少管道的埋深，甚至直接将管道敷设在河底。水下燃气管道的稳管重块应根据计算决定，一般采用钢筋混凝土重块，或中间浇筑混凝土的套管，也允许用铸铁重块。水下燃气管道的每个焊口均应进行物理方法检查，按规定采用特加强绝缘层。在加上稳管重块之前，在管道周围设20mm×60mm的木条，以保护绝缘层不受损坏。

敷设在河流底的输送湿燃气的管道，应有不小于0.003的坡度，坡向河岸一侧，并在最低点处设排水器。

通过水流速度大于2m/s，但河床和河岸稳定的水域，以及通过较深的峡谷和洼地、铁路车站等障碍物时，燃气管道宜从水上（或地上）跨越。跨越可采用桁架式、拱式、悬索式、栈桥式等结构，最好是单跨结构。在得到有关部门许可后，也可利用已建的道路桥梁进行敷设。架空敷设时，管道支架应采用难燃或不燃的材料，并能承受任何可能的荷载，从而使管道不被破坏。

（三）燃气管材及附属设备

1. 管材

用于输送燃气的管材种类很多，应根据燃气的性质、系统压力和施工要求来选用，并要满足机械强度大、抗腐蚀、抗震和气密性高等要求。常用的燃气管材主要有钢管、铸铁管和塑料管等。燃气高压、中压管道通常采用钢管，中压和低压管道采用钢管或铸铁管。塑料管多用于工作压力≤0.4MPa的室外地下管道。

（1）钢管

燃气管道要承受压力并输送大量的有毒、易燃、易爆气体，任何程度的泄漏和管道断裂都会导致爆炸、火灾、人身伤亡和环境污染，造成重大的经济损失。因此，燃气钢管不仅要有足够的机械强度，而且要有良好的焊接性和不透气性。

施工人员可通过无损探伤如X射线等进行检查，以确保焊缝质量。

钢管由于其抗拉强度、延伸率和抗冲击性能等都比较高，所以在城市输气管网中一般用在较高的压力管道上，如高压等级，也常用于交通干道、十字路口等交通繁忙的场所和穿越河流、架管桥等施工复杂的场所。

（2）铸铁管

用于燃气输配管道的铸铁管，一般为铸模浇铸或离心浇筑铸铁管，铸铁管的抗拉强度、抗弯曲和抗冲击能力不如钢管，但其抗腐蚀性比钢管好，在中、低压燃气管道中被广泛采用。国内燃气管道常用普压连续铸铁直管、离心承插直管及管件，直径为DN75～DN500mm，壁厚为9～30mm，长度为3～6m。

燃气用铸铁管一般采用机械接口，机械接口相比承插连接接口，具有接口严密、柔性好、抵抗外界振动及挠动的能力强、施工方便等特点。

铸铁管及铸铁管件的性能和检验应符合国家现行标准的规定，应具有出厂合格证。铸铁管及铸铁管件在出厂前应做气密性试验。

（3）塑料管

适用于燃气管道的塑料管主要是聚乙烯管（PE管），其性能稳定，脆化温度低（-80℃），质轻，耐腐蚀，抗拉性能良好，材质伸长率大，可弯曲使用，内壁光滑，流动阻力小，管子长、接口少，管接口简便可靠，抗震性能强等。聚乙烯燃气管道连接应采用电熔连接（电熔承插连接、电熔鞍形连接）或热熔连接（热熔承插连接、热熔对接连接、热熔鞍形连接），不得采用螺纹连接和黏结。聚乙烯管与金属管道连接时，应采用钢塑过渡接头连接。但由于塑料管的刚性差，只有夯实槽底土，才能保证管道的敷设坡度。

2. 燃气管网附件

为保证燃气管网的正常运行管理，并考虑检修和接线的需要，要在管网的适当地点设置必要的附件，包括阀门、补偿器、排水器、放散管等。

（1）阀门

阀门是燃气管道中重要的控制设备，用以切断和接通管线，调节燃气的压力和流量。燃气管道的阀门常用于管道的维修，减少放空时间，限制管道事故危害的程度，因而其设置关系重大。由于阀门经常处于备用状态，又不便于检修，燃气管网对阀门的质量和可靠性要求高，即要求阀门的严密性好、阀体的接卸强度高、转动部件灵活，对输送介质的抗腐性强，零部件的通用性好。施工人员在安装阀门前必须逐个进行强度试验和严密性试验。维修人员必须对运行中的燃气阀门进行定期检查和维修，以便掌握其腐蚀、堵塞、润滑、气密性等情况和部件的损坏程度，避免事故发生。

阀门的种类很多，在燃气管道上常用的有闸阀、截止阀、球阀、蝶阀、旋塞阀等。这里重点介绍燃气输气线路上的干线切断阀门、旋塞阀、安全阀等。

施工人员应在燃气输气线路上每隔一定距离设置切断阀门，并在某些特别重要的管段两端（铁路干线、大型河流的跨越段）设置切断阀门。施工期间，干线切断阀门可用于线路的分段试压。干线切断阀门的间距通常由管线所处的重要性和发生事故时可能产生的危害及其后果的严重程度而定，通常为20～30km。这种阀门通常处于备而不用的状态，即通常情况下处于全开状态，需要动作时往往面临发生事故的紧急状况。因此，对其质量和工作的可靠性有着严格的要求。

干线切断阀门通常采用球阀和平板阀（通孔板式闸阀）两种类型。

球阀的球形阀芯上有一个与管道内径相同的通道，将阀芯相对阀体转动90°，就可使球阀关闭或开启。球阀按阀芯的安装方式分为浮动式和固定式。浮动结构的密封座固定在阀体上，球心可自由向左右两侧移动。这种结构启动力矩大，一般适用于小口径球阀。固定结构与浮动结构相反，它把阀芯通过上下阀杆和径向轴承固定在阀体上，而令阀座和密封圈在管道合阀体腔的压差作用下，紧压在球体密封面上。这种结构启动力矩小，适用于高压大口径球阀。

平板阀是一种通孔闸阀，闸门的两面平行。闸门的下方有一个与管径相同的阀孔，阀门开启时升起，与阀体和管道形成一个直径相连续的通道。闸板和阀座保持密封。密封材料采用非金属材料，镶嵌在阀座上。大口径平板阀的阀体采用钢板焊接结构。

干线切断阀的驱动可以采用电动、气动、电液联动和气液联动等方式。干线切断阀门的驱动方式应在最短时限1分钟内完成阀门的关闭和开启动作。

干线切断阀应安装在地势较高、交通方便、符合排放条件的地点。大口径阀一般与管道置于同一水平面，明设时需要修建阀室，阀室地坪低于管底，便于检查。目前，许多大口径干线切断阀只把操作部分留在地面上，阀体则随管道埋入地下，场地上只修建围墙和大门。

旋塞阀广泛用于小管径的燃气管道，动作灵活，阀杆旋转90° 即可达到完全启闭的要求，可用于关断管道，也可用于调节燃气量。常用的旋塞有两种。一种是利用阀芯尾部螺母的作用，使阀芯与阀体紧密接触，以避免漏气，这种旋塞只允许用于低压管道上，称为无填料旋塞。另一种被称为填料旋塞，它利用填料来堵塞阀体与阀芯之间的间隙，以避免漏气。这种旋塞体积较大，但较安全可靠。

安全阀是管道避免超压、保证人身安全的关键设备，必须符合要求，按规范进行生产，并经检验测试合格后方能使用。安全阀有弹簧式安全阀和先导式安全泄压阀两种。后者无论是在管理上还是在技术上都优于前者，其关键技术在于将弹簧直接感测压力变为压力传感器（先导阀）感测压力，提高了阀的灵敏度与精度。主阀采用笼式套筒阀芯和软密封结构，确保阀芯起跳后复位正确和关闭严密，且不需拆卸，直接在工艺装置或管道上进行定压调校，减轻了维护和检测的劳动量。先导式安全泄压阀无泄漏，不过量排放，减少天然气的排放损失。

截止阀和球阀主要用在液化石油气与天然气管道上，闸阀和有驱动装置的截止阀、球阀只允许装在水平管道上。

燃气系统中尽量少设置阀门，一是为了减少造价，二是为了减少系统的漏气点。系统中阀门的数量足以维持系统运行即可。

（2）补偿器

燃气管道由于燃气及其周围环境温度的变化，会产生巨大的应力，往往导致管道损坏，故需设补偿器，以消除管道因胀缩所产生的应力，常用于架空管道和需要进行蒸汽吹扫的管道上。此外，补偿器安装在阀门的下游，利用其伸缩性能，方便阀门的拆卸与检修。当发生基础沉陷与地裂带错动等原因引起的管道位移时，管道上也需要设置补偿器。

补偿器常设置于架空管道、过桥管、高层建筑燃气立管等处。埋地敷设的聚乙烯管道，在长管段上通常设置在埋地燃气钢管上，多用钢制波形补偿器。波形补偿器具有工作可靠、结构紧凑、质量小、位移补偿量大、变形应力小等优点，在设备与设备、管道与管道、管道与设备的串联中，它不仅可以提供充分的轴向位移补偿，还可以提供横向或角方向的位移补偿。其补偿量约为10mm。为防止补偿器存水锈蚀，应从套管的注入孔灌入石油沥青，安装时注入孔应在下方。补偿器的安装长度应是螺杆不受力时补偿器的实际长度，否则不但不能发挥其补偿作用，反而使管道或管件受到不应有的应力。

在通过山区、坑道和地震多发区的中、低压燃气管道上，施工人员可安装橡胶—卡普隆补偿器。它是带法兰的螺旋皱纹软管，是用卡普隆布做夹层的胶管，外层用粗卡普隆绳加强。其补偿能力在拉伸时为150mm，压缩时为100mm，优点是纵横方向均可变形。

（3）排水器

排水器是燃气管道必要的附属设施，排水器又称凝水缸和聚水井。为便于排除燃气管道中的冷凝水和石油伴生气管道中的轻质油，管道敷设时应有一定的坡度（不宜小于0.003），排水器设置在管道坡向改变的转折最低处。排水器的设置间距视冷凝液量的多少而定，一般为每200～300m设置一个，在出厂、出站管线上还需增加密度。河底管道的排水器的井杆应伸至岸边，以便定期排水。排水器还可观测燃气管道的运行状况，并可作为消除管道堵塞的设备。

根据燃气管道中压力的不同和凝水量的不同，排水器分为不能自喷和自喷两种。低压燃气管道安装不能自喷的低压排水器，一般由铸铁制造，水或油要依靠抽水设备来排除。排水管上设有电极，用于测定管道和大地之间的电位差。当设计无要求时，可不安装。

高、中压燃气管道安装能自喷的高、中压排水器，一般为钢制。由于管道内压力较高，水或油在排水管旋塞打开后可自行排除。为防止剩余在排水管内的水在冬季结冰，管道内应另设循环管，使排水管内水柱上、下压力平衡，水依靠重力回到下部的集水器中。为避免被燃气中的焦油和萘等杂质堵塞，排水管和循环管的管径应适当加大。排水管设在套管中，排水管上部有一个直径为2mm的小孔，使燃气管道和排水管之间的压力得以平衡。因此，凝结水不能沿排水管上升，避免剩余在管内而冻结。

排水器应保证夏季、冬季都能可靠排水、安全运行、维修方便，并便于清除其中的固体沉淀物。在气候温和地区，排水器可露天安装，做适当保温或加热即可。在寒冷地区，排水器应设在采暖小室内。

（4）放散管

在煤气系统中，专门在特殊情况下排放煤气或管道内部空气的管子称为煤气放散管。在管道投入运行时，放散管排除管道内的空气；在检修管道或设备时，放散管排除管道内的燃气，防止管道内形成爆炸性的混合气体。常见的放散管有过剩放散管、事故放散管和吹刷放散管等。放散管的直径应能保证在一定时间内排出一定量的煤气。放散管排出的煤气遇火源会燃烧，因此，放散管的布置要考虑防火问题。放散管应装在最高点，放散管上应安装球阀，球阀在燃气管道正常运行时必须关闭。放散管应安装在阀门井中。在环状网中，阀门的前后都应安装放散管；在单向供气的管道上，放散管应安装在阀门前。

（5）阀门井

为保证管网的运行安全与操作方便，地下燃气管道上的阀门一般设置在阀门井中。阀门井一般用砖、石砌筑，坚固耐用，并有良好的防水性能，其大小要方便工人检修，井筒不宜过深。

第四节 城市工程管线

一、城市工程管线的分类与特点

（一）城市工程管线的分类

城市工程管线的种类多而复杂，根据不同性能、不同用途、不同输送方式、不同敷设方式等有不同的分类。

1. 按照不同性能及用途分类

城市工程管线按照不同性能及用途可分为如下14类。

第一，给水管道，包括工业给水、生活给水、消防给水等管道。

第二，排水管（渠），包括工业废水、生活污水、雨水等管道和明渠。

第三，电力线路，包括高压输电、高低压配电、生产用电、电车用电等线路。

第四，电信线路，包括市内电话、长途电话、有线广播、有线电视等线路。

第五，热力管道，包括蒸汽和热水管道等。

第六，可燃或助燃气体管道，包括煤气、乙炔、氧气等管道。

第七，空气管道，包括新鲜空气、压缩空气等管道。

第八，灰渣管道，包括排泥、排渣、排尾矿等管道。

第九，液体燃料管道，包括石油、酒精等管道。

第十，工业生产专用管道，包括氯气管道、化工专用管道等。

第十一，城市垃圾输送管道，包括气力输送城市垃圾管道、压力输送垃圾渗滤液管道等。

第十二，铁路，包括铁路线路、专用线路、地下铁路、轻轨铁路、站场和桥涵等。

第十三，道路，包括城市道路（街道）、公路、桥梁、涵洞等。

第十四，地下人防线路，包括防空洞、地下建筑物等。

2. 按照输送方式的不同划分

城市工程管线按照输送方式的不同可分为压力流管道和非压力流管道（非压力流管道也称重力流或自流管）。例如，给水管道、燃气管道、空气管道、灰渣管道等属于压力流管道，管道中的介质需要靠动力机械设备提供的动力在管道中流动。非压力流管道如排水管（渠），管道中的介质只在重力的作用下从高往低流动。

3. 按照敷设方式的不同划分

架空线路，如架空的电力线路、架空的电话线路和架空热力管线等；地铺管线，即在地面铺设明沟或盖板明沟的管线，如雨水沟渠或地面各种轨道；地埋敷设管线，即直接埋入地面以下一定覆土厚度的管线，给水管道、燃气管道、排水管道、热力管道、电力电缆等均可以直接埋设。其中，自流管如排水管道埋得最深，不受冰冻影响的管道如热力管道、电力电缆和电信电缆等可以浅埋。

管线还可以按照线路是否可弯来分类。城市管线主要按照其性能及用途分类。各种分类方法反映了管线的特性，可以作为在地下管线综合布置出现冲突时避让的依据。

（二）城市工程管线的特点

上述按照性能及用途分类的14类管线并不都会出现在城市中。例如，石油管道、空气管道在城市的街道少见，大多敷设在工厂里。因此，这14类管线不都是城市地下管线的综合研究对象。常见的城市地下管线有六种，即给水管道、排水管（渠）、电力线路、电信线路、热力管道、燃气管道。此六种常见的工程管线是城市地下管道工程的主要研究对象，这些工程管线的规划设计通常是由各专业设计单位承担的，道路的走向是常见设计管线走向和坡向的依据。城市工程建设项目施工准备阶段要求“七通一平”，“七通”即指上述六种管道的贯通和道路贯通。“七通”的顺利实现，也是城市地下管线综合工作的目标之一。

二、工程管线的综合布置

城市工程管线的综合规划布置应考虑城市的发展，充分利用地上及地下空间、现状工程管线，与城市现状的或规划的地下铁道、地下通道、人防工程等地下隐蔽工程协调配合，并结合城市的路网规划和地形特点，避开城市土质松软地带、地震断裂带、沉陷区、地下水位较高地带等不利地带，合理布置。

城市工程管线可采用地下敷设和架空敷设方式。城市工程管线宜采用地下敷设。地下敷设方式又分为直埋敷设方式和综合管沟敷设方式。

（一）直埋敷设

第一，工程管线应平行布置在人行道或非机动车道下面。电信电缆、给水输水、燃气输气、污雨水排水等工程管线可布置在非机动车道或机动车道下面。道路红线宽度超过30m的城市干道，宜两侧布置给水、配水管线和燃气配气管线；道路红线宽度超过50m的城市干道，应在道路两侧布置排水管线。当需要穿越道路或铁道等时，工程管线宜垂直交叉；条件限制时，斜交叉角度不小于30°。

第二，工程管线在道路下的布置次序宜相对固定。应根据工程管线的性质、埋设深度等确定工程管线在道路下的布置次序。分支线少、埋设深、检修周期短、可燃、易燃和损坏时对建筑物的基础安全有影响的工程管线，应远离建筑物。从道路红线向道路中心线方向平行布置的次序宜为：电力电缆、电信电缆、燃气配气、给水配水、热力干线、燃气输气、给水输水、雨水排水、污水排水。

第三，各种管道的平面排列不得重叠，并应尽量减少和避免相互间的交叉，减少在道路交叉口的交叉。

第四，主干线应靠近主要使用单位和连接支管最多的一侧。当燃气管线从建筑物任意一侧引入均满足要求时，燃气管线应布置在管线较少的一侧。

第五，直埋敷设应考虑彼此间可能产生的影响。例如，污水管应远离生活饮用水；直流电缆不应与其他金属管靠近，以避免增加后者的腐蚀程度（杂散电流产生的电化学腐蚀）；易燃易爆气体管道和热力管道不可敷设在电缆沟上方。

第六，各种工程管线不应在垂直方向上重叠直埋敷设。

第七，河底敷设的工程管线应选择在稳定河段，埋设深度应按不妨碍河道的整治和管线安全的原则确定。在一至五级航道下面敷设时，应在航道底设计2m以下的高程；在其他河道下面敷设时，应在河底设计1m以下的高程。

第八，当在灌溉渠道下面敷设时，应在渠底设计0.5m以下的高程。

第九，各种管线在竖向位置发生矛盾时，应按下列原则处理：一是有压管道让无压管道（重力自流管道）；二是可弯管道让不可弯管道；三是小口径管道让大口径管道；四是临时管道让永久管道；五是新设管道让已建管道；六是低压管道让高压管道；七是一般管道让高温、低温管道。

（二）综合管沟敷设

综合管沟，就是地下城市管道综合走廊，即在城市地下建造一个隧道空间，将电力、通信、燃气、供热、给排水等各种工程管线集于一体，设有专门的检修口、吊装口和监测系统，实施统一规划、统一设计、统一建设和统一管理。综合管沟代表市政管线建设和发展的方向，是未来城市发展的必然趋势。

第一，城市在下列情况下应敷设综合管沟。

一是交通运输繁忙或工程管线设施较多的机动车道、城市主干道以及配合兴建地下铁道、立体交叉等工程地段。

二是广场或主要道路的交叉处，道路与铁路或河流的交叉处。

三是不宜开挖路面的路段。

四是道路宽度难以满足直埋敷设多种管线的路段。

五是需要同时敷设两种以上工程管线和多回路电缆的道路。

第二，国内外常用的综合管沟有下列三种形式。

一是干线综合管沟。干线综合管沟一般设置于道路中央（机动车道）下方，负责向支线综合管沟提供配送服务。主要收容的工程管线为通信、有线电视、电力、燃气、供热、给水等。有的综合管沟将雨水、污水系统纳入。其特点为结构断面尺寸大、覆土深、系统稳定且输送量大，具有高度的安全性，维修和检测要求高。

二是支线综合管沟。支线综合管沟为干线综合管沟和终端用户之间联系的通道，一般设于人行道或非机动车道下。主要收容的管线为通信、有线电视、电力、燃气、热力、给水等直接服务的管线，结构断面以矩形居多。其特点为有效断面较小，施工费用较少，系统的稳定性和安全性较高。

三是缆线综合管沟。缆线综合管沟一般埋设在人行道下，其纳入的管线主要有电力、通信、有线电视等，管线直接供应终端用户。其特点为空间断面较小，埋深浅，建设施工费用较少，不设通风、监控等设备，在维护和管理上较为简单。

相互有干扰的管线可分设于综合管沟内的不同小室。例如，电信电缆管线与高压输电电缆管线必须分开设置；给水管线与排水管线可布置在综合管沟的一侧，排水管位于底部。

工程管线干线综合管沟的覆土厚度应根据道路施工、行车荷载和综合管沟的结构强度，以及当地的冰冻深度等因素综合确定；敷设工程管线支线的综合管沟，其埋设深度应根据综合管沟的结构强度和当地的冰冻深度等因素综合确定；缆线综合管沟的埋设深度只需考虑管沟本身的结构强度。

（三）架空敷设

架空敷设的工程管线设置在不影响城市景观，如围墙、河堤、建（构）筑物的墙壁等处，应结合城市详细规划而定。具体位置应根据城市规划道路的横断面图确定，并应保证居民安全、交通畅通和工程管线的正常运行。

第一，架空线的线杆宜设置在人行道上距离路缘石不大于1m的位置。

第二，同一性质的工程管线宜合杆架设。

第三，电力架空杆线与电信架空杆线宜分别架设在道路两侧，且与同类地下电缆位于同侧。

第四，工程管线利用桥梁跨越河流时，应与桥梁设计相结合。

第五章　城市环境工程建设

第一节　城市环境工程与环境控制

一、城市环境工程

（一）城市环境工程的概念与原理

1. 环境的基本概念

（1）环境的概念

环境是指某一特定的生物体或生物群体以外的空间，以及直接或间接影响该生物体或生物群体生存的一切事物的总和。环境是一个相对的概念，离开了生物体或生物群体就无环境可言。

（2）环境的类型

环境是一个非常复杂的体系，一般来说可按环境主体、环境范围、环境性质进行分类。按环境的性质来分类，环境可分为自然环境、半自然环境和社会环境（城市环境）三种。

人类周围的大气、水、土壤、岩石、生物等一切自然因素的总和构成了人类生存的自然环境。自然环境按其组成特性，又可分为大气环境、水环境、土壤岩石环境。

①大气环境。大气环境即包围着地球的大气层，也称大气圈。大气和人类的生命息息相关，它提供生命活动所必需的氧气，保护地球上的生命免遭外层空间各种高能射线的照射，同时还能防止地球表面温度的剧烈变化和水分的散失。

②水环境。水环境包括海洋、江河、湖泊里的地面水和地层中的地下水，也称水圈。水不仅孕育了生命，还一直维系着人类的生存与发展。

③土壤岩石环境。土壤岩石环境即地球表面的土壤与岩石，也称土壤岩石圈。它既是矿产资源的集中地，又是植物的生长基地，为人类提供了各种矿产、能源、食物和生态条件。

除了上述自然环境外，由于生活、生产条件的不同，各个地区又形成了不同类别的小环境，如居住环境、城市环境和工厂环境等。

（3）人类与环境的关系

人类与环境的关系极为密切，它们之间既是统一的，又是对立的。人体通过新陈代谢和周围环境进行物质交换，在长期的进化过程中，人体的物质组成与环境的物质组成具有很高的统一性。但随着劳动工具的改进，特别是火的发明和利用，人类开始对环境产生重大影响，如砍伐森林、矿产采掘与冶炼等，这常常导致人类与环境关系的对立，使人类受到大自然无情的惩罚（如水土流失、山洪暴发等）。

在近百年的工业和科学技术的发展过程中，由于无知和缺乏远见，人类破坏了自己生存、发展所处的良好环境。在经济发展过程中，人类由于缺乏对经济发展与环境保护之间相辅相成关系的认知，肆意向环境中排放废水、废气和废渣，使得不少地方的水、空气和食物中含有高浓度的污染物，造成农作物减产、鱼类死亡和人体中毒的严重后果。某些地方只顾眼前利益，肆意砍伐森林，不仅使绿地面积大为减少，野生动植物的生态环境受到破坏，更带来严重的水土流失。有些起着调节气候与河流水位作用的湖泊，也因泥沙泄入而成为平地。

为了保护人类赖以生存的地球，我们必须注意保护环境，以把环境建设得更加清洁、美好，达到“优美、舒适”的目的，实现山常绿、天常蓝、水常清、气常新的目标。

2. 环境工程

环境工程是一门研究人类活动与环境的关系、改善环境质量的途径及技术的复杂的、具有高度综合性的学科。所研究的课题包含大气污染治理与控制工程、水污染治理与控制工程、噪声污染与控制工程、固体废弃物污染与治理工程、环境影响评价等，涉及社会学、经济学、管理学、生物学、化学等传统学科，并与各学科交叉成各类边缘。

3. 城市环境工程

城市环境工程是研究和从事防治城市环境污染与提高环境质量的学科。城市环境工程同生物学中的生态学、医学中的环境卫生学和环境医学，以及环境物理学和环境化学密切相关，其核心是环境污染源的治理。

4. 环境工程学原理

环境工程学原理的主要内容包括环境工程原理基础、分离过程原理和反应过程原理三大部分。环境工程原理基础部分主要讲述单位与因次分析、物料与能量守恒原理、传递过程等；分离过程原理部分主要讲述沉淀、过滤、吸收、吸附的基本原理；反应工程原理部分讲述化学和生物反应计量学、动力学、环境领域常用的各类反应器及其解析理论等。

（二）环境工程学的发展趋势

环境工程学是一个庞大而复杂的技术体系。它不仅研究防治环境污染和公害的措施，而且研究自然资源的保护和合理利用，探讨废物资源化技术、改革生产工艺、发展少害或无害的闭路生产系统，以及按区域环境进行运筹学管理，以获得较大的环境效果和经济效益，这些都成为环境工程学的重要发展方向。

自然资源的有限和对自然资源需求的不断增长，特别是环境污染的控制目标和对能源需求之间的矛盾，促使环境工程学的研究不断发展，资源、生态、经济三者发展的动态平衡，决定着环境工程学未来研究的发展趋势。

二、城市环境控制

（一）城市环境控制的对象和任务

1. 城市环境控制的对象

城市是一个地区政治、经济、文化的中心，而环境保护问题已成为当今城市发展的全球性课题。城市环境控制的对象主要是整个城市赖以可持续发展的诸多环境要素，如水资源、土地资源、空气质量、城市人口的生存卫生环境、声环境等。

2. 城市环境控制的任务

城市环境控制的任务就是为城市的发展提供优良的环境质量，包括优良、卫生的饮用水源，清洁的空气，园林式优美的城市居住环境，城市垃圾的合理处置，安宁的家园等。

随着城市规模的扩大，人口的集中度越来越高，城市的可持续性发展问题摆在了每一座城市的面前。现在，可持续发展既要满足当代人的需要，也要满足后代人的需要，需要社会、经济、文化、政治的协调发展，还有资源、环境、人口的协调发展以及城市开发、城市建设与社会经济环境的协调发展。

（二）城市环境控制的方法和措施

1. 合理的城市规划和环境保护规划

（1）城市规划的超前性

城市规划的超前性是城市环境控制效果的根本依据。城市规划是一定时期内城市发展的目标和计划，是城市建设的综合部署，也是城市建设的管理依据，它与很多学科密切相关。

（2）城市环境保护规划的合理性

城市环境保护规划的合理性是城市环境控制效果的根本保证。城市环境保护规划具有地区性、综合性、预测性的特点。城市是一个庞大而复杂的系统，城市环境保护涉及这个系统的各个方面。近年来，由于环境保护规划没有与城市规划和城市建设同步落实，城市环境遭到一定程度的破坏。因此，城市规划中的环境保护规划必须引起人们的重视。城市环境保护规划的制定，必须以城市社会经济发展计划和城市总体规划为基础，并对其进行补充和完善。

城市环境保护规划应遵循以下原则。

第一，与城市的发展和建设规划相协调，既保护环境，又促进城市发展。

第二，合理利用自然资源，综合利用废水、废气和固体废物。

第三，最大限度地减少和控制污染物质的排放量与排放浓度。

第四，充分利用绿化系统和水体净化环境，维护生态平衡。

2. 有效的城市环境污染治理

（1）城市水污染的控制

要想控制水体污染，除加强污染源的管理外，政府还应制定和颁布法律法规，以控制废水的排放。例如，政府制定和颁布了《中华人民共和国水污染防治法》《工业“三废”排放试行标准》等法律法规。城镇应建设完善的排水管系和废水处理厂，并制定和实施管理制度。工业布局和工艺要考虑环境要求。生产废水必须处理后出厂，废水再利用，特别是建立废水灌溉系统，都是防止废水污染水体的有效途径。

水污染控制主要是针对城市中的点污染源和面污染源。点污染源有具体的污染源，如工厂的排污管道口，比较容易治理，只要控制污染物的排放标准，并有足够的执法能力，就可以通过污染物排放控制技术来控制。造成工业污染的主要原因是企业不愿意自行提高成本来治理污染，必须由政府和舆论强制执行。城市面污染源主要是城市道路产生的交通污染，如地面油污等。由于城市尤其是中小城市迅速发展，城市生活污水成为主要的面污染源，城市必须建立污水处理厂，以解决生活污水问题。生活污水的主要污染物是含氮、磷的有机物，它们可以被微生物分解吸收，也可以通过集中的城市污水处理厂加以处理。

城市污水处理厂是利用微生物分解吸收水中的有机物，从而净化水。目前，城市污水处理厂有多种处理工艺和技术，有用曝气头曝气的传统技术，有用转刷曝气的氧化沟技术，有先用厌氧菌分解大分子、再曝气的AB法技术等。但城市污水处理厂不允许高浓度的有毒工业废水进入，工业废水必须先经预处理净化系统处理后，方可排放进入集中式城市污水处理厂。

（2）城市大气污染的控制

在大气污染的控制措施中，造林和城市绿化有助于改善城市大气质量，营造防风林带则可以防止尘土扩散。但要想从源头上控制大气污染，应主要从以下三个方面着手。

①能源革新。这是一种从根本上解决大气污染问题的措施之一。一个城市如有可能，应该用无污染能源（太阳能、风能、地热水能、电能和蒸汽）或低污染能源（燃气）替代煤、石油等燃料。

②设备和操作的革新。革新除尘设备有助于烟尘量的降低，提高燃烧设备的

效率，降低一氧化碳和碳氢化合物的污染量。火焰温度的控制，可以减少氮的氧化和二氧化碳的分解。汽车尾气污染的防治主要依靠革新汽车的燃烧系统，逐步减少甚至从法律上禁止含铅汽油的使用，安装汽车尾气净化器等。随着经济的高速发展，城市人口对居住环境的要求越来越高，燃煤、燃油锅炉等大气污染源已逐渐退出城市。随着城市汽车数量的迅猛增长，汽车尾气已逐渐成为城市大气污染的主要来源。

③废气处理。废气处理是大气污染防治的最直接的措施，也是末段治理手段。烟气中的粉尘可以用过滤、洗涤、离心分离、静电沉降、声波沉降等方法与气流分离。去除烟气中的二氧化硫有多种方法：将石灰石粉末吹入燃烧室，与二氧化硫化合成灰分；用碱性物质吸收或吸附二氧化硫；在催化剂作用下燃烧烟气，使二氧化硫转化为三氧化硫，烟气冷却时与冷凝水结合为硫酸。

（3）城市固体废弃物的控制

城市固体废弃物的组成主要为城市生活垃圾、商业垃圾、工业垃圾等。城市生活垃圾的数量是巨大的。处置垃圾的方法主要是掩埋，少数焚化，也用于堆肥。城市工业垃圾虽然数量较少，但其多数具有毒性高、危害大、不易分解等特点，所以必须引起人们的高度重视。目前，对于城市工业垃圾，多数采用焚烧的方式处置，使其成为无害化的物质后，再行安全填埋。

（4）城市噪声污染的控制

城市噪声主要来自机器（工业噪声）和交通工具（交通运输噪声）。

为有效控制城市噪声污染，可从噪声源头控制、传播途径阻断、受声者防护等多方面采取措施。

①噪声源头控制。从源头上降低噪声是控制城市噪声污染的关键。在交通方面，鼓励研发和使用低噪声车辆，如新能源汽车，相比传统燃油车，其行驶时的发动机噪声更低；优化道路设计，采用低噪声路面材料，降低车辆行驶过程中产生的胎噪。工业生产中，选用低噪声设备，对高噪声设备加装消声器、减振装置等，如风机、空压机等设备安装消声器后，可显著降低噪声；合理安排生产工艺和流程，减少不必要的噪声产生环节。建筑施工时，推广使用低噪声施工机械，如用液压打桩机代替传统柴油打桩机，能大幅降低施工噪声；合理规划施工时间，避免在居民休息时间进行高噪声作业。此外，加强社会生活噪声管理，限制公共场所音响设备音量，规范商业活动、广场舞等产生的噪声。

②传播途径阻断。阻断噪声传播途径可有效减少噪声对受声者的影响。在城市规划中，合理布局功能区域，将工业区、交通干线等噪声源与居民区、学校、医院等噪声敏感区域保持适当距离，设置绿化带、隔音屏障等隔离设施。绿化带不仅具有美化环境的作用，还能通过植物对声波的吸收、反射和散射，降低噪声强度。例如，宽度为10～15米的乔灌木混合林带可降低噪声5～10分贝。隔音屏障则是一种专门用于阻隔噪声传播的设施，可根据实际需求设置在道路两侧、铁路沿线等，通过反射、吸收噪声，减少噪声向周边区域的扩散。对于建筑物本身，采用隔音性能良好的建筑材料，如双层中空玻璃窗、隔音门等，提高建筑物的隔音效果；合理设计建筑布局，将卧室、书房等对安静要求较高的房间布置在远离噪声源的一侧。

③受声者防护。当无法完全避免噪声暴露时，对受声者进行防护也是减少噪声危害的重要手段。为在高噪声环境下工作的人员配备个人防护用品，如耳塞、耳罩、防噪声头盔等，这些防护用品能有效降低进入人耳的噪声强度，保护听力。普通居民，可在室内安装隔音窗帘、使用白噪声机等，营造相对安静的生活环境。此外，加强噪声防护知识宣传，增强公众的自我保护意识，让公众了解噪声的危害及防护方法。

（5）城市放射性污染的控制

用一定厚度的铅板或混凝土等封闭放射性物质，就可以阻隔电离辐射。

（6）城市热污染的控制

电站和工业冷却水是最常见的水体热污染源。冷却用水直接排入河流和湖泊，会使水温升高，加速水中生物的新陈代谢，降低溶解氧的含量，从而影响渔业，破坏自然平衡。电站和工厂可以采用循环冷却水系统，以减少冷却用水的排放量，或将冷却用水在排入天然水体前先经冷却塘降温。

（7）城市电磁辐射的控制

电磁辐射的防护手段，一般是在射频设备或保护对象周围设置电磁屏蔽装置，使保护范围内的电磁辐射强度降至容许范围以内。电磁屏蔽装置主要有屏蔽罩、屏蔽室、屏蔽衣、屏蔽头盔和眼罩，不同屏蔽对象可采用不同的装置。此外，城市还可采取综合性的防治对策。例如，可通过合理布局，使电磁污染源远离人口稠密的居民区；改进电磁设备，以减少对环境的电磁辐射；提高电磁设备的自动化和遥控程度，以减少工作人员接触高强度电磁辐射的机会等。

第二节　城市园林绿化工程

一、城市园林绿化的系统规划

经济不断发展，城市化进程日益加速，对城市的园林绿化工作提出了更高的要求。在城市的现代化建设中，城市园林绿化是一个非常重要的方面，政府应该高度重视城市绿化的规划布局，把城市绿地整顿好，为我国的城市园林化事业不懈努力。

（一）城市园林绿化系统规划的主要任务

城市园林绿化系统的规划工作，一般由城市规划部门和园林部门的工作人员协作完成。具体需要做好下列工作。

第一，根据当地条件，确定城市园林绿化系统规划的原则。

第二，选择和合理布局城市各项园林绿地，确定其位置、性质、范围和面积。

第三，根据国民经济发展计划、生产和生活水平，以及城市发展规模，研究本城市园林绿化建设的发展速度与水平，拟定城市绿化分期达到的各项指标。

第四，提出城市绿化系统的调整、充实、改造、提高的设想，提出园林绿地分期建设和重要修建项目的实施计划，划出需要控制和保留的绿化用地。

第五，编制城市园林绿化系统规划的图纸和文件。

第六，对于重点的公共绿地，可根据实际工作需要，提出示意图和规划方案，或提出重点绿地的设计任务书，内容包括绿地的性质、位置、周围环境、服务对象，预估游人量，布局的形式，艺术风格，主要设施的项目与规模，建设年限等，作为绿地详细规划的依据。

（二）城市园林绿化系统规划的具体原则

对城市园林绿化的系统规划，城市规划部门和园林部门的工作人员应考虑以下原则。

第一，城市园林绿化规划应该结合城市其他组成部分的规划来综合考虑，全面安排。例如，应考虑城市规模的大小、性质、人口数量，工矿企业的性质、规模、数量、位置，公共建筑、居住区的位置，道路交通运输条件，城市水系，地上地下管线工程的配合等。我国人口较多，城市用地紧张，城市园林绿化要注意少占良田、好地，尽量利用荒山、山岗、低洼地和不宜建筑的破碎地形等布置绿地，还要合理选择绿化用地。城市绿地的资源和投资都是有限的，因此，相关部门一方面要尽量争取较多的绿地面积，并使绿地拥有较高的质量，以满足多功能的需要；另一方面要“先绿后好”，充分利用原有绿化基础，先搞普遍绿化，然后重点提高，逐步实现“到处像公园”的目标。绿地在城市中分布很广，绿地规划要与工业区、居住区、公共建筑分布、道路系统等规划密切配合、协作。

例如，在进行工业区和居住区的布局时，要考虑卫生防护要求的隔离林带的布置。在对河湖水系进行规划时，需要考虑水源防护林带和城市交通绿化带的设置。如果水系接近居住区，则相关部门可结合地形开辟滨水公园。对居住区的规划，要考虑小区级游园的均匀分布以及宅旁庭园绿化布置的可能性。在进行公共建筑、住宅群布置时，要考虑绿化空间对街景变化的影响和对景点的作用，把绿地有机地组织到建筑群中去。在道路网规划时，要根据道路的性质、功能、宽度、朝向，地上地下管线位置，建筑距离和层数，紧密配合，统筹安排，在满足交通功能的同时，考虑植物生长的良好条件。

第二，城市园林绿化系统规划必须结合当地特点，因地制宜，从实际出发。首先是因地制宜。我国地域辽阔，地区性强，各地城市的自然条件差异很大，现有条件、绿地基础和性质特点也各有不同，所以各类绿地的选择、布置方式、面积大小、定额指标的高低都要从实际出发。在选择树种时也要结合本地原则。其次是从实际出发。例如，有的城市名胜古迹多，自然山水条件好，绿地面积就要大些；北方城市风沙大，必须设立防护林带，如天津、沈阳、北京、唐山、张家口；有的城市夏季气候炎热，应该考虑通风降温的林带，如南京、武汉、南昌、金华、丽水；植物种类丰富、自然条件好的城市，如广州、南宁、昆明、桂林、北海，绿化质量就要高些；有的城市建筑密集，空地少，绿化条件差，就得充分利用边角地、路旁空地，多设置小游园、小绿化带和进行垂直绿化，如上海、天津、大理；工业化程度高的城市，就要设置工业隔离绿化带，做到因害设防，减少环境污染。

第三，城市园林绿化系统规划既要有远景的目标，又要有近期的安排，做到远近结合。绿化规划要充分研究城市远期发展的规模，包括居民生活水平逐步提高的要求，不能使今天的建设成为明天的障碍。因此，要从长远期着眼，从近期着手，分清轻重缓急，要有近远期过渡措施。例如，有的城市建筑密集，质量低劣，卫生条件差，居住水平低，在结合旧城市改造中，新居住区的规划必须留出适当的绿化保留用地。规划为远期公园的地段，可于近期内辟作苗圃，既能为将来改造成公园创造条件，又可防止被其他用地侵占，起到控制的作用。

第四，城市园林绿地的规划建设、经营管理，要在发挥其综合功能的条件下，注意结合生产，为社会创造物质财富。园林绿地结合生产是我国城市绿地建设的方针之一，相关部门必须正确理解，全面贯彻，使园林绿化美观经济。城市园林绿化的主要功能是休闲游览、保护环境、美化市容、战备防灾，要在满足上述功能的同时，因地制宜地栽种经济性花木、果树、药材、木本粮油和芳香类树种，为国家建设创造更多的物质财富。

二、城市园林绿地类型

（一）城市园林绿地的分类方法

根据城市规划和园林绿化工作的需要，城市园林绿地分类应符合以下基本要求。

第一，与城市用地分类有相对应的关系，并照顾习惯称法，有利于同总体规划和各类专业规划相配合。

第二，按绿地的主要功能和使用对象区分，有利于绿地的详细规划与设计工作。

第三，尽量与绿地建设的管理体制和投资来源相统一，有利于业务部门经营管理。

第四，避免在统计上与其他城市用地重复，有利于城市绿地计算口径的统一，也可以使城市规划在经济论证上具有可比性。

根据城市园林绿地分类方法的基本要求，可以把城市各种用地分为六大类型：公共绿地、居住区绿地、附属绿地、道路交通绿地、风景游览绿地、生产防护绿地。这六类绿地包括城市中的全部园林绿化用地。关于城市用地的分类，现在还没有一种较为统一合理的方法，暂时引用常用的分类方法。

（二）城市园林绿地的不同类型

1. 公共绿地

公共绿地指公开开放的供全市居民休息游览的公园绿地，包括市、区级综合性公园，儿童公园，动物园，植物园，体育公园，名胜古迹园林，游憩林荫带，花园等。

（1）市、区级综合性公园

市、区级综合性公园是指市、区范围内供居民进行休息、游览和文化娱乐活动的综合性的大、中型绿地。大城市可设置一个或数个为全市服务的市级公园，每区可设置一个或数个区级公园，中小城市可能只有市一级的综合性公园。市级公园面积一般在10～100hm^2，居民搭乘公交车30分钟可到达。区级公园面积10hm^{2}左右，居民步行20分钟可到达（即服务半径1km左右），可供居民半天到一天的活动。

（2）儿童公园

儿童公园是主要供儿童活动的公园，用地一般在5hm^{2}左右，其位置更要接近居民区，并避免穿越交通频繁的道路。独立的儿童公园，其服务对象主要是少年、儿童和带领儿童的成年人。园中一切娱乐设施、运动器械和建筑物等，首先要考虑少年、儿童活动的安全，并有益于健康；要有适宜的尺度、明亮的色彩、活泼的造型、丰富的装饰；栽植的植物要对儿童无害；还要根据不同年龄儿童的生理特点，分别设立学龄前儿童活动区、学龄儿童活动区和幼儿活动区。

（3）动物园

动物园是集体饲养、展览种类较多的野生动物及品种优良的家禽家畜的城市公园的一种，主要供参观游览、文化教育、科学教育、科学普及和科学研究之用。动物园在大城市中一般独立设置，中小城市的动物园则附设在综合性公园中。动物园的位置应与居民密集地区有一定的距离，以免疫病传染，更应与屠宰场、动物毛皮加工厂、垃圾场、污水处理厂等保持必要的安全距离。由于动物搜集不易，野生动物饲养要求比较高，动物笼舍造价高，饲养管理费用大，所以开设动物园成本较高，各地必须根据经济实力与条件量力而行，且要根据国家的方针政策进行统一规划，逐步建设，重点发展。

（4）植物园

植物园是广泛收集和栽培植物品种，并按生物学要求种植布置的一种特殊的城市绿地。它是科研、科普的场所，又可供群众游览休息之用，显然不同于苗圃和农林园艺场所。植物园用地选择要求高，面积也大，位置常远离居住区，至少也要在近郊，有较方便的交通条件，便于群众使用。植物园不能建在有污染工业的下风口和下游地区，以免妨碍植物的正常生长，且要有适宜的土壤水文条件。

植物园要根据城市园林绿地的需要，广泛收集植物品种，进行引种驯化、培育新品种和综合利用等方面的科学研究，开放游览，普及植物学知识。植物园的布局要考虑植物生态和地理特点，符合园林艺术要求。植物园要有园林外貌，并设置一些必要的设施，方便市民游览。

（5）体育公园

体育公园是供人民群众进行体育运动比赛和练习的园林绿地。它是一种特殊的公园，既要有符合一定技术标准的体育设施，又要有较充分的绿化布置，可供运动员和群众作体育锻炼和游憩之用。

体育公园可以集中布置，因有大量的人流集散，要求与居民区有方便的交通条件，如成都城北体育公园；也可分散布置，比如布置在城市综合公园附近地段，如上海鲁迅公园旁边的足球场、广州越秀山体育场等。

体育公园用地面积大，一般用地不少于10hm^2，建设投资也大。根据我国目前的情况，大城市也只能设置2～3个体育公园，其投资、建设、经营管理由各级体育部门负责，或与园林部门共同养护管理。目前，绿化水平很高的、称得上“体育公园”的绿地实际上很少，就是近几年才建设好的丽水市体育馆，由于其绿化率不高，也不能算作严格意义上的“体育公园”，只能算作依附在市行政中心边上的综合性公园——处州公园附近的一处体育场馆而已。

（6）名胜古迹园林

名胜古迹园林是指有悠久历史文化的、有较高艺术水平的、有一定保存价值的古典名胜古迹园林绿地，通常是各级文物保护单位，并由文物保护单位负责养护管理，主要作用是供人们游览休息。

（7）游憩林荫带

游憩林荫带是指城市中有相当宽度的带状公共绿地，供城市居民（主要是附近居民）游览休息之用，可以有小型的游憩设施（如休息亭、廊、座椅、雕塑、水池、喷泉等）和简单的服务设施（如小型餐厅、小卖部、茶馆、摄影部等），如上海肇家浜林荫带。多数游憩林荫带是在城市的河道水域边上，如杭州的湖滨公园、青岛海滨的鲁迅公园、哈尔滨的斯大林公园、上海黄浦江畔的外滩绿地等。需要注意的是，林荫带由于有城市交通道路通过，所以必须有专供游览休息的较宽的步行道路。

（8）花园

花园通常是指比区级公园规模次一级的公共绿地，虽然比区级公园要小得多，但能独立存在，不属于某个居住区。花园只有简单设施，可供居民作短时间休息、散步之用，一般面积在5hm^{2}左右，附近居民步行10分钟可到达，服务半径不超过800m，零散均匀地分布在城市各个区域。如北京的月坛公园、东单公园，上海的淮海公园、交通公园等，虽然在习惯上也被称为公园，但实际上因面积小、设施简单，属于花园范畴。道路旁边的绿地，有一定的设施，可供短时间游憩的，不论位于道路中间或沿道一侧建筑物之前，均可属于“花园”类的公共绿地，如上海江西中路绿地、北京二里沟绿地、丽水白云小区后面的人民路绿地等。

2. 居住区绿地

居住区绿地是指居住用地中除居住建筑用地、居住区内部道路用地、中小学及幼托建筑用地、商业服务等公共建筑用地和生活杂务用地外的可供绿化的那部分用地，一般包括五个方面：居住区游园、小区游园、宅旁绿地、居住区公建庭园（包括中小学及幼托的庭园）、居住区道路绿地。居住区绿地的功能是改善居住区环境卫生和小气候，为居民日常就近的休闲活动、体育锻炼、儿童游戏等创造一个良好的条件。

3. 附属绿地

附属绿地是指某一部门、某一单位使用和管理的绿地，它不对外单位人员开放，仅供本单位人员游憩之用，是附属于本单位的。附属绿地有以下三种类型。

（1）工矿企业及仓库绿地

工矿企业及仓库绿地是企业的一个重要组成部分，不仅具有环境保护功能、生态功能，还对企业的建筑、道路、管线有良好的衬托遮挡作用，一般包括厂前

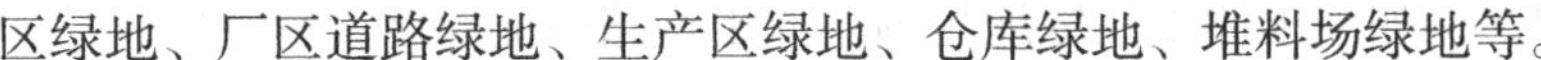

区绿地、厂区道路绿地、生产区绿地、仓库绿地、堆料场绿地等。

（2）公用事业绿地

公用事业绿地是指城市中用于公共管理的那部分绿地，包括公共交通车辆停车场、污水及污物处理厂等在内的公共管理事业内部绿地。

（3）公共建筑庭园

公共建筑庭园是指居住区级以上的公共建筑附属绿地，如机关、大学、商业服务场所、医院、展览馆、文化宫、影剧院、体育馆等的内部绿地，不包括开放性的大型体育场馆公共绿地（体育公园）。

4. 道路交通绿地

（1）道路绿地

道路绿地是指居住区级道路以上的道路绿地，包括行道树绿地、交通岛绿地、立体交叉口绿地和桥头绿地等。

①行道树绿地。行道树绿地是指城市道路两侧栽植一到数行乔木、灌木的绿地，包括车行道与人行道之间、人行道与道路红线之间，以及城市道路旁边的停车场、加油站、公共车辆站台等的绿化地段。行道树与其他绿地组成绿地网络，对改善城市卫生条件和美化市容市貌都起着积极作用。树冠浓荫的行道树在夏季有遮阴作用，也有利于延长沥青路面的使用寿命。

②交通岛绿地。交通岛绿地是指高出路面的“方向岛”（设在交叉口用以指示行车方向）、“分隔岛”（用以分隔机动车与非机动车）、“中心岛”（作为行人过街时避让车辆之用）。这类绿地除个别外，一般不能进入。“中心岛”如果面积很大，成为绿化广场，则可供人们进入休息，实际上就成为公共绿地了，如南京市鼓楼西面的“中心岛”、杭州市的武林广场、丽水市的丽阳门广场等。

③立体交叉口和桥头绿地。立交桥附近及桥头附近的绿化地段，可以丰富道路桥梁的建筑艺术效果。城市街道的立交桥或城市道路跨越江河时，大多有一定面积的土地可供绿化，如杭州艮山门铁路公路立交桥、南京长江大桥桥头绿地等。

（2）公路、铁路防护绿地

公路、铁路防护绿地是城市对外交通用地。对于公路、铁路沿线，特别是穿越市区的铁路线，应该设置一定宽度的林带，这对减轻城市噪声和保护铁路安全都有很大的作用。例如，天津市在绿地规划中提出铁路两侧应该设置宽度不小于300m的护路林带，有条件的地方可在一定距离内设置休息园地，建设必要的服务设施，供旅游的人员逗留歇息。

5. 风景游览绿地

风景游览绿地是指著名的独特景观形成的自然风景，可包括城郊风景名胜区、森林公园、风景林地等，一般是指位于郊区的具有特色的大面积自然风景，经开发修整，可供人们进行一日以上游览的大型绿地。著名的风景游览绿地有杭州西湖、无锡太湖、桂林漓江、江西庐山、山东泰山、安徽黄山、临潼骊山、舟山普陀山、四川峨眉山、福建武夷山，简称“一江二湖七山”。此外，还有陕西华山、河南嵩山、温州雁荡山、辽宁千山、江西三清山、青岛崂山、福建太姥山、四川青城山、云南石林、丽水东西岩等。

风景游览绿地还包括称为“自然保护区”的大面积林地，它是为了保护天然生态条件和珍贵的动物、植物、原始森林等而专门设立的。这些自然绿地有的部分经过整理后也可供游览用，如云南的西双版纳、四川的九寨沟、湖北的神农架、吉林的长白山、黑龙江的五大连池、河南的鸡公山、浙江的凤阳山、广东的丹霞山、广西的大瑶山、海南的五指山等。

6. 生产防护绿地

（1）生产绿地

生产绿地包括苗圃、花圃、果园、林场等。苗圃、花圃是城市绿化所需植物材料的生产基地，除各单位自己培育苗木的苗圃外，城市园林部门一般开辟有一定数量的苗圃，为城市绿化培育所需的大量树苗、花卉、草皮。有的花圃的一部分被布置成园林外貌（如盆景园），供观赏游览，这样就具有了部分公共绿地的性质，如杭州花圃。

（2）防护绿地

防护绿地的主要功能是改善城市的自然条件、卫生条件，包括卫生防护林、水土保持林、水源保护林等，都是郊区用地的一部分。例如，夏季炎热的城市可以设置通风绿化带，与夏季盛行风向平行（可结合水系考虑），形成透风绿廊，使季风能吹到城区的内部；经常有强风（如西北风、台风等）的城市应该在规划的时候，可以建立与风向垂直的总宽度为150～200m的防风林带，每条林带宽度可达10～20m。

防护绿地中的卫生防护绿地，其地带的宽度根据工业排放的污染物质和技术过程的情况可分为五个等级：第一级1000m，第二级500m，第三级300m，第四级100m，第五级50m。

第六章　城市道路与交通工程关键技术

第一节　城市轨道交通工程关键技术

一、供电技术

（一）影响城市轨道交通供电系统供电模式的主要因素

1. 安全、可靠运行的要求

城市轨道交通供电系统是城市轨道交通的能源补给线，它对城市轨道交通的影响是全面的。供电系统一旦出现问题，将会导致城市轨道交通的混乱和瘫痪。因而，设计者应把城市轨道交通供电系统的安全、可靠运行放在首位，宁可多增加投资，也要留有充足的安全余地。

2. 投资计划的影响

城市轨道交通供电系统受投资影响很大，不同供电模式所需的资金也相差巨大。因此，城市轨道交通公司必须结合实际和当地经济发展的水平，选择合适的供电模式。

3. 传统思维模式的影响

受制于传统思维模式，人们不喜欢合作与共享，总认为建立自己的系统不会受制于人，城市轨道交通建设也存在这类问题。但随着社会的进步、观念的改变、科学研究的发展，一些不合时宜或缺乏科学的做法和认识会逐步被淘汰。城市轨道交通建设作为一个庞大的系统，会逐步走向专业化管理，将更多专业化管理运营项目推向社会，从而化解运营风险，降低运营成本，提高维护效率和质量。同时，城市轨道交通公司可以充分利用社会或其他行业的专业人员，如高压电力、空调制冷、车辆维护等方面的人才资源，以减少专业人员的储备，降低人才消费的成本。

（二）确定城市轨道交通电力系统的供电模式

1. 根据城市电网结构的具体情况确定

城市电网结构发达的城市，可在增加容量的情况下，采用分散供电模式。城市电网结构相对不足的城市，可采用集中供电模式。根据城市轨道交通线路情况和城市电网结构，还可以和电力部门协商，采用集中供电和分散供电相结合的模式。

2. 根据城市轨道交通的规划确定

城市轨道交通的近期规划和远期规划直接影响轨道交通供电系统的供电结构及模式，如电网结构、所入容量等。供电系统的运输能力需求应按最大预测设计来选择供电模式。

3. 根据城市轨道交通的研究水平确定

在实际决策中，应积极采用拥有自主知识产权和技术研发能力的供电模式，从而推进城市轨道交通的研究发展和未来供电模式的进一步优化。

（三）城市轨道交通供电系统供电模式的评价标准

1. 安全性与可靠性

城市轨道交通供电系统的安全性与可靠性体现在以下五个方面。一是必须保证不间断供电。二是必须保证供电质量，供电质量的好坏直接影响设备运营，甚至影响其安全。当电压不能满足车辆要求时，车辆会跳闸，造成停运的严重后果。三是保证人身安全和贵重高压电气设备的安全。四是具有一定的抗御外界环境影响的能力。例如，在大风、大雪、雷雨、雷电、高温等情况下，首先不能影响车辆正常运营；其次要保证不会出现安全问题，或能够缩小故障范围，尽量减少损失。五是要求城市轨道交通供电系统不会对周围环境或其他事物造成危害，如减少杂散电流，减小对城市管线、通信设施、高楼等的损害，以及减少对居民生活的影响。

2. 经济性

城市轨道交通供电系统必须科学建设和运营，以获得较好的效益，主要体现在以下三个方面。一是采用科学合理的结构模式，减少一次性投资和资金偿还的压力。二是建成后，采用合理科学的运行模式，提高效能，节约用电。三是要有全网电力规划的概念，要结合未来整个城市的轨道交通网络，进行供电系统的建设，并选择更为科学的模式。

3. 灵活性

首先，在事故、正常、非正常状态下，城市轨道交通供电系统应能灵活选择不同的运行方式，以满足运营要求。其次，在进行模式变化时，应力求灵活、操作简单。

（四）城市轨道交通供电系统建设的建议

1. 积极促进电力部门参与城市轨道交通供电系统的建设与运营工作

对于集中式供电，建议轨道交通10kV以上电网由电力部门承担建设、运营与维护工作。城市轨道交通供电系统在远期可全部由电力部门承担。这种新理念不但要求城市轨道交通公司敢于接受，而且要求电力部门敢于承担社会责任。

2. 因地制宜，选取科学合适的供电模式

首先，供电模式要和隧道的形式选择相结合，包括断面形状的选择、断面的大小等。其次，对于电压等级、受流方式和电网结构的选择，甚至运营模式的选择，城市轨道交通公司要敢于创新，不要照搬照抄，更不要盲目攀比。对于不同结构形态的城市，如有的城市属于狭长结构，有的城市属于环形结构，城市轨道交通公司要根据实际情况，科学制定供电模式。

3. 渐次合作

城市轨道交通公司应积极推进与电力部门的合作。例如，在建设期可以开展项目合作，把部分建设任务交由电力部门；在运营期可以采取维修、维保全权委托的方式。总之，双方在共赢的基础上，充分利用本地现有资源，努力实现“集中供电、资源共享”或“资源共享、分散供电”的目标。

二、自动售检票系统

（一）系统概念和规范要求

地铁自动售检票系统（以下简称AFC系统）是集计算机技术、信息收集和处理技术、机械制造于一体的自动售票、检票系统。AFC系统采用新型的非接触IC卡，避免了磁卡系统的清洗和塞卡现象，使设备机械结构得到简化，并降低了设备的故障率，从而为企业节省了大笔的维护、维修费用。

自动售票机和闸机可为乘客提供最方便可靠的票务服务。乘客可以随时随地给IC卡储值，甚至能够将IC卡当作电子钱包使用，同时与城市公交系统实现“一卡通”。AFC系统的采用不仅成倍地提高了乘客的通行速度，方便了市民出行，还有利于企业准确及时地对客流量、销售额等数据进行收集和管理。

（二）系统构成

AFC系统由综合中央计算机系统、中央计算机系统、编码分拣设备、车站计算机系统、车站AFC现场设备（包括进/出闸机、双向闸机、自动售票机、票房售票机、自动检票机和便携式检票机）、车票和通信网络组成。

1. 车站 AFC 现场设备

AFC 车站终端设备的主要功能包括接收车站计算机系统下发的系统运行参数、运营模式命令和黑名单等，以及向车站计算机系统上传原始交易数据和设备状态信息，具有正常运行、故障停用、测试、检修、停止服务和紧急等运行模式。

当与车站计算机通信中断或系统故障时，车站售检票终端设备应具有单机工作和数据保存能力，并能实现数据的外部导出，且故障修复后数据能自动上传。

（1）闸机

地铁采用扇门闸机，能对乘客持有的公交“一卡通”系统和地铁专用的非接触IC卡车票进行检查、编码。对于有效的车票，闸机则打开扇门，让乘客通过。

乘客出闸机时，闸机能对指定的地铁专用非接触代币式IC单程卡进行回收。双向闸机将同时具备进闸机和出闸机的功能。

站控室应设置紧急按钮，当发生紧急情况时，工作人员可使用该按钮打开所有闸机的扇门，保证乘客无阻碍地离开付费区。同时，在没有电力供应的情况下，闸机的扇门应处于常开状态，以保证乘客进出。

员工票、特惠票、黑名单票的使用采用声光报警装置（可由车站计算机控制声响、闪光、亮灯），以便站务人员进行监督。

（2）票房售票机

票房售票机安装在车站的票务处，具有售票模式、补票模式以及售票、补票兼顾模式。

票房售票机由车站工作人员操作，能对公交“一卡通”和地铁专用车票进行处理。

票房售票机可对车票进行发售、充值、替换、退款，查询交易、收款记录，处理乘客投诉，记录票务管理/行政收款等。

票房售票机在完成车票处理，以及操作员班次结束后，将打印收据和班次报告。

（3）自动售票机

自动售票机安装在非付费区，用于发售代币式单程票。

自动售票机配有触摸屏和乘客显示屏，上面配有地铁线路图和设备使用指南。

自动售票机能发售两种不同票面的车票，并能一次发售多张车票，包括两种票面和不同票值的车票。自动售票机接收硬币、纸币、地铁储值车票和“一卡通”储值车票，并可以进行硬币找零。

（4）自动检票机

自动检票机安装在非付费区，供乘客对车票进行查询，能读取公交“一卡通”和地铁专用车票的数据。所有涉及公交“一卡通”车票的查询需求应与公交“一卡通”系统的要求相符。

（5）便携式检票机

便携式检票机是站务员或稽查人员对乘客使用车票进行检查的设备，能读取公交“一卡通”和地铁专用车票的数据。

便携式检票机能通过显示器显示车票的查询结果，通过机座可与车站计算机或工作站相连，下载所需的系统参数、软件并上传数据。

2. 车站计算机系统

车站计算机系统的主要功能如下。

第一，接收中央计算机系统下发的系统运行参数、运营模式命令和黑名单等，并下载给车站现场设备。

第二，采集车站现场设备的原始交易数据和设备状态数据，并上传给中央计算机系统。

第三，对车站现场设备进行实时监控和管理，并显示设备的运行状态，根据需要启用紧急模式。

第四，完成车站各种票务管理工作，自动处理当天所有的数据和文件，定期生成统计报告。

3. 中央计算机系统

中央计算机系统的主要功能如下。

第一，能独立实现对所辖线路的运营管理、票务管理和设备管理。

第二，对重要数据具有自动备份和恢复功能。

第三，接收综合中央计算机系统下发的系统运行参数、运营模式命令、交易结算数据、账务清分数据、审计文件、黑名单和票卡调配管理数据等，并下载至车站计算机系统。

第四，向综合中央计算机系统上传各类车票的原始交易数据、设备状态数据和设备维修数据等，完成与清分中心的清算对账和线路的收益管理。

第五，接收车站计算机系统上传的车站售检票终端设备的数据，包括车票的交易数据、设备状态数据、辅助设备维修数据等。

第六，向车站计算机系统下载系统参数、运营模式命令和黑名单等，对采集的数据进行分类处理和报表打印，以满足系统监控、运营管理和决策分析的需要。

第七，对车票进行跟踪管理，并能提供车票交易的历史数据和车票余额等信息，以及对黑名单进行管理。

第八，具有操作权限的设置和管理功能。

第九，具有集中设备维护和网络管理功能。

4. 编码分拣设备

编码分拣设备的主要功能包括接收综合中央计算机系统下载的操作参数，以及时钟同步、安全控制、授权、定期审计查询等，同时具有对系统发行的车票进行初始编码、分拣及赋值、校验、注销等主要功能。此外，编码分拣设备还可将设备状态信息、故障信息和操作员信息上传到综合中央计算机系统。

5. 综合中央计算机系统

综合中央计算机系统的主要功能如下。

第一，能独立实现对所辖线网的运营管理、票务管理和设备管理。

第二，对重要数据具有自动备份和恢复功能。

第三，接收公交“一卡通”中央清算系统下发的系统运行参数、交易结算数据、账务清分数据和黑名单等，以及公交“一卡通”的安全、车票等参数和数据。

第四，向公交“一卡通”中央清算系统上传各类车票原始交易数据，实现地铁系统与公交“一卡通”系统间的清算、对账。

第五，统一线网内的车票发行。

第六，接收中央计算机系统上传各类车票的原始交易数据。

第七，向中央计算机系统下发系统运行参数、运营模式命令、交易结算数据、账务清分数据、审计文件、黑名单和票卡调配管理指令等。

第八，对系统进行密钥设置、权限管理和密钥下载。

第九，负责“一卡通”车票在地铁线网内不同线路之间交易的清分。

6. 车票

车票是记录乘客乘车信息的媒介和载体，能记录车票的系统编号、安全信息、车票种类、个人信息、进出站信息、金额、有效期、历史交易记录等信息，与车站现场设备共同完成AFC系统的售检票功能。

车票一般有如下规定。

第一，采用非接触卡式和代币式IC卡车票。

第二，单程票采用易于回收的代币式。

第三，不需回收的车票的外形符合ISO7816的有关要求。

7. 通信网络

AFC系统全线网和全线路的骨干传输网络由通信系统提供，各层级系统内的局域网由AFC系统独立构建，整个AFC系统的传输网络采用标准开放的协议。

三、屏蔽门及站台施工技术

（一）屏蔽门的类型及原理

1. 屏蔽门的类型

轨道交通屏蔽门按其功能可分为两大类：闭式屏蔽门和开式屏蔽门。闭式屏蔽门也就是轨道交通屏蔽门，开式屏蔽门即安全门。开式屏蔽门又分为半高开式屏蔽门和全高开式屏蔽门两种。

半高开式屏蔽门的主要作用是保证乘客的安全，高度一般为1200～1500mm，由于它不能完全隔绝列车运行产生的空气流动风和噪声，多用在敞开式地面站台或高架站台。全高开式屏蔽门除具有保证乘客安全的功能外，还能阻挡列车进站的气流，高度一般为2800～3200mm，多用于没有空调系统的地下站台。

闭式屏蔽门除具有保证乘客安全的作用外，还具有隔断区间隧道内气流与车站内空调环境之间的冷热气流交换的功能。只有屏蔽门的气密性良好，才能使车站与区间的热交换减小到最低程度，达到节能的目的。闭式屏蔽门的门体高度一般为2800～3200mm，多用于设有空调系统的站台。

2. 屏蔽门的系统构成

（1）屏蔽门的门体结构

屏蔽门的门体结构一般由承重结构、门体（包括滑动门、固定门、应急门、端头门）、顶箱、踏步板、上下部连接结构等构成。

（2）屏蔽门的门机系统

屏蔽门的门机系统是由驱动机构、传动机构、悬挂机构、锁定解锁机构组成的。目前，国内外屏蔽门一般采用皮带传动门机系统，极少数屏蔽门采用丝杠传动门机系统。丝杠传动门机系统的传动效率高，位置控制准确，但产品成本、安装精度要求和维护成本高，噪声大，所以，在屏蔽门系统中应用较少。齿形皮带传动门机系统的噪声低，安装调节和日常维护方便，维护成本低，在屏蔽门系统中被广泛采用。

（3）屏蔽门控制系统

屏蔽门的控制系统由中央控制盘（PSC）、门控单元（DCU）、就地控制盘（PSL）和传输介质组成。

3. 屏蔽门系统的工作原理

轨道交通站台屏蔽门设有与列车门相对应、可多级控制开启与关闭的滑动门，站台边还设有可手动开启的应急门，其作用是当列车门与滑动门不能对齐时，供乘客疏散。屏蔽门的两端设有可开启的端头门，这是供车站工作人员进入隧道的专用门。

（1）正常运行模式（由系统级控制）

滑动门在收到信号系统开门/关门指令后执行开门/关门命令，滑动门在电机带动下实现开门/关门动作。滑动门打开后，乘客由该通道进出列车。所有滑动门关闭且锁紧后，屏蔽门系统将该信息反馈给信号系统，司机只有在接收到所有滑动门关闭且锁紧的信息后才可以发车。

（2）非正常运行模式

当信号系统失效时，司机或站台工作人员可通过设置在站台端头的就地控制盘（PSL）或通过车控室紧急控制盘（IBP）控制一侧站台滑动门的开关。

当一挡或多挡滑动门发生故障时，站台工作人员可通过就地控制盒（LCB）将发生故障的滑动门隔离，或者将发生故障的滑动门调整到手动模式，调试单挡安全门。

（3）紧急运行模式

当发生故障或紧急情况时，如果就地控制盘（PSL）和紧急控制盘（IBP）

操作失效，列车上的乘客可在站台轨道侧手动打开滑动门或应急门，站台工作人员可在站台侧用钥匙打开滑动门或应急门，供乘客疏散。

（二）屏蔽门的安装测试和调试

1. 屏蔽门的安装

屏蔽门系统的施工单位应积极与地铁其他施工单位协调、配合，服从业主、监理或集成商的统一管理和协调。施工管理人员和施工人员应经过专业培训，合格后才能上岗。

2. 屏蔽门的测试、调试

屏蔽门系统的测试、调试主要包括样机、出厂、安装现场三个阶段的测试、调试。

（1）单系统测试

①开关门力测试。屏蔽门门机和门体结构安装完毕后，测试人员应测试门体的运行情况，主要是通过推拉力计拉动滑动门门体进行关门运动，读取拉力最大时的推拉力计读数。当读数在要求的范围内时，测试合格。测试过程如下。

第一，安装好屏蔽门门机和门体结构，使其按要求正常运行，并调整开门时间、关门时间。

第二，将滑动门打开。

第三，当滑动门关闭行程超过三分之一的范围时，通过推拉力计测量阻止滑动门关闭所需的力。

②电源测试。

第一，屏蔽门系统的所有设备安装布线完毕并检测合格后，测试人员须在设备室进行设备系统的通电检测，主要检测所有电源和设备是否正常运行。

第二，闭合屏蔽门系统控制电源柜和驱动电源柜中与低压配电接口处的空气开关，同时闭合控制电源柜中相关的控制和驱动输出空气开关，目测控制电源、驱动电源是否有电源报警现象出现。

第三，屏蔽门系统的所有设备安装布线完毕后，测试人员应在站台进行单元屏蔽门的电源线检测和通电试验，主要检测电源模块输出电压。当电源模块输出电压在要求的范围内，并确定输入DCU的电源电压正常时，测试合格。

单个DCU的输入电压为直流110V（不同厂家的系统有差别），测试人员应把万用表调至测电压挡，红黑表笔分别接驱动电源线的两根线，读取电压值，观察其是否在额定的输入范围之内。

③手动开门力、关门力、解锁力测试。滑动门安装完成后，应对滑动门的手动开门力、关门力、解锁力进行测试，主要通过推拉力计对手动开门力、关门力、解锁力进行测试。当手动开门力、关门力、解锁力在要求的范围内，滑动门手动打开30秒后能低速关闭且锁紧时，测试合格。

④障碍物探测功能测试。在滑动门中放置一个规定尺寸的障碍物，门在关闭过程中如探测到障碍物，将停止关闭，释放关门力，静止3秒钟（可调节）后再关。连续3次循环后，如果障碍物依然存在，滑动门将处于自由状态，门状态指示灯闪烁。测试人员将障碍物移开，发出一个关门信号，滑动门立即低速关闭且锁紧，门状态指示灯灭则测试合格。

⑤总线通信测试。

①总线通信测试一：主监视界面显示的状态及报警测试。主监视界面能够监视全站屏蔽门系统的工作状态，具体包括：控制电源、驱动电源、UPS电源、总线等的工作状态，指示显示绿色时为正常工作状态，指示显示红色时为故障状态；信号、PSL、IBP、PSC等控制命令的执行情况；全站所有屏蔽门，包括滑动门所处状态、手动解锁、工作模式，应急门、端门开关状态。状态改变或报警发生时，应观察主监视界面是否会有对应变化。

②总线通信测试二：单挡门监视界面显示的状态及报警测试。单挡门的监视界面能够详细展示全站屏蔽门系统中单挡门（应急门、端门）的工作情况，包括感应器、控制系统发出的命令信号。就地按钮、手动解锁、DCU与总线间的连接等的状态和故障信息可通过显示器进行实时显示，正常工作时为绿色，故障时为红色。状态改变或报警发生时，测试人员应观察单挡门监视界面是否会有对应变化。

③总线通信测试三：历史数据查询界面测试。屏蔽门运行日志存储在计算机上，历史数据查询界面提供查询状态并显示报警信息，并能以Excel的格式输出查询结果，便于工作人员分析屏蔽门故障的原因和非正常开门/关门信息。改变查询条件时，应观察历史数据查询界面能否正确执行查询操作。

④总线通信测试四：速度及位移曲线界面测试。PSC监视软件能够保存滑动门在正常和发生开门/关门故障状态下的运动曲线。通过软件中提供的曲线查看功能，可以提取已保存的曲线数据并进行分析对比，总结滑动门的运动特性。

滑动门开门/关门后，PSC监视软件选择执行绘制开门/关门曲线的命令，测试人员应观察绘制的曲线是否与实际运行情况相符合。

⑤总线通信测试五：继电器监视界面测试。继电器监视界面应能监视继电器的断开、吸合和发生的故障，方便维护人员进行更换和维修。测试人员应在继电器监视界面执行SIG、PSL、IBP命令时，观察继电器监视界面是否会有相应变化。

⑥总线通信测试六：DCU参数设置测试。DCU设置用于对指定DCU的运行关键参数进行在线设置，用户可以将同一组参数一次性下载到上下行线所有DCU上，也可以对上下行线任一DCU进行单独设置。设置完DCU参数后，测试人员可通过运行单挡门并进行单体测试，观察其是否与设置参数一致。

⑦总线通信测试七：软件下载测试。软件下载测试用于对指定DCU或PEDC软件进行在线升级，用户可以同时下载多个DCU，也可单独下载任一DCU。下载完软件后，测试人员可通过执行SIG、PSL、IBP命令来观察主监视界面和单挡门监视界面显示是否正确。

（2）屏蔽门系统的接口测试

屏蔽门系统的接口测试主要包括屏蔽门门体等电位测试、接地及绝缘层测试、与车辆的接口测试、与限界专业的接口测试、PSL功能测试等。

①屏蔽门门体等电位测试。测试人员应用兆欧表对整列门体间的等电位电阻进行测试，每一单元屏蔽门的等电位连接线均应可靠连接。若要求屏蔽门与轨道等电位，应测试接轨电阻值是否符合要求。

②接地及绝缘层测试。地铁牵引配电系统采用直流供电，并把钢轨作为汇流通道，因此，钢轨与大地间存在的电位差会对乘客造成影响。为确保乘客和工作人员的安全，乘客和工作人员易接触到的金属部件与列车的金属部件之间应采用等电位连接。在站台两端各用一根电缆与钢轨回流线相连，屏蔽门采用绝缘安装，以保持轨道与站台的电气隔离。

第一，应通过直流低电阻测试仪检测接地电阻，系统设备房所有设备的接地电阻应不大于0.4Ω。

第二，应通过500V兆欧表检测屏蔽门与大地之间的绝缘电阻，绝缘值应不小于0.5MΩ。

③与车辆的接口测试。测试人员应在列车停车精度范围内，测试屏蔽门门体（主要为滑动门）与列车门的对应情况以及首尾滑动门单元开启后对司机出入司机门的影响。应在列车未停准的情况下，测试应急门与列车门的对应情况。

④与限界专业的接口测试。测试人员应检测屏蔽门安装后屏蔽门轨道侧轮廓线（包括在设计荷载下屏蔽门的变形量）至轨道中心线的距离是否满足限界要求，在任何情况下都不允许屏蔽门侵入其限界。

⑤PSL功能测试。测试人员应通过PSL向屏蔽门发出开门/关门命令，如果屏蔽门的开门/关门无故障且同时开启和关闭，所有的信号指示灯都正常，则测试合格。

第一，应通过PSL向屏蔽门系统的中央接口盘（PSC）发出开门请求命令，PSC接到命令后向门控单元（DCU）发出开门指令，DCU收到指令后，控制滑动门开门。

第二，应通过PSL向屏蔽门系统的中央接口盘（PSC）发出关门请求命令，PSC接到命令后向门控单元（DCU）发出关门指令，DCU收到指令后，控制滑动门关门（包括有障碍物存在的情况）。

3. 屏蔽门系统的联动测试需要注意的问题

第一，PSL、IBP、信号系统的测试首先应注意每个单元之间的串联控制命令线路和接线顺序是否正确，否则无法响应各控制命令，甚至导致命令缺少的故障。

第二，在进行PSC柜的功能测试时，由于PSC柜的硬线线路种类很多，且功能独立，测试人员应主要通过图纸和线路的标号来区分PSC柜的线路类别，且接线时要集中、细致。

第三，控制命令PSL、IBP、SIG的供电系统是互相独立的，各路供电系统以1A或3A的保险丝作为保护。任何发生短路的线路，首先会熔断保险丝，从而起到保护PSC内部线路和设备的作用。

（三）站台绝缘层的施工技术

1. 现有地铁屏蔽门绝缘层的技术分析

在站台结构板找平层上粘贴橡胶绝缘膜再铺装石材的方式，经实践证明是不理想的。进一步研究发现，该方式沿用防水的概念来防电流泄漏，但两者之间存在本质区别：防水是防水分子泄漏，防电是防电子、离子的运动。站台石材下面的水泥砂浆中的氢氧化钙、硅酸盐等成分是导电体，而绝缘膜上下层都被水泥砂浆覆盖。泄漏电流沿水泥砂浆层扩散，由于绝缘电阻值很小甚至导通，且橡胶绝缘膜之间、橡胶绝缘膜与砂浆之间不能保证完全黏结。因此，站台石材下面的绝缘结构缺陷很多，大多无法通过绝缘电阻值检测。即便通过，绝缘电阻值也是勉强达到0.5MΩ，稍微受潮，绝缘电阻值就会急剧下降。

2. 站台绝缘的关键因素

随着屏蔽门而出现的地铁站台绝缘是一个新的研究方向，依据相关专业知识，设计人员需要明确以下四个关键因素。

（1）绝缘材料与绝缘结构

地铁站台绝缘结构设计的科学合理是绝缘效果良好的基础。绝缘材料只是绝缘结构的要素之一。现行方案使用绝缘电阻率很高的材料，但其绝缘电阻实测值很低，这是因为绝缘结构设计存在缺陷。例如，橡胶绝缘膜的绝缘电阻率很高，但由于其上有一层水泥砂浆，导致站台石材面绝缘电阻实测值很低。

（2）绝缘施工与绝缘检测

地铁绝缘站台的设计、施工和检测的专业性很强，已逐渐演变成一个新的领域。例如，施工过程中的温湿度控制，施工工艺控制，施工过程与土建、装修、屏蔽门等工种的节点衔接，绝缘电阻的正确测量等都是专业性很强的工作，非普通装修工种所能胜任，必须由在此领域有一定研究实力的专业公司来实施。

3. 整体复合绝缘层方案

针对现有绝缘层的各种不足，在已实施的昆明轨道交通示范线工程中，建设单位采用了新型的整体复合绝缘层方案。

（1）绝缘材料

在整体复合绝缘层方案中，绝缘材料是一个有机材料与无机材料聚合的材料体系，有机材料与无机材料按一定比例配合，形成绝缘性能好、硬度高、耐变形等综合性能优异的固态绝缘材料。

（2）绝缘结构

第一，整体复合绝缘层与装修设计的配合做到无缝对接，绝缘区的设计宽度、形状、水平面和垂直面均不受限制，充分展示设计的完美性。材料的调控性决定其前后施工处的无缝衔接，操作简易、快捷，且后期无须过多维护。

第二，整体复合绝缘层铺设于石材下方，满足地铁防火要求，不影响站台导向标志的布置，维护极为便利。

第三，整体复合绝缘层操作简便，与混凝土垫层、石材面层成为一体，无受压变形等隐患，性能长效。

第四，整体复合绝缘结构为无分割的整体，但可以随意设置分格缝。

第五，整体化使其不存在难以控制的节点，有效保证了分格缝，且石材接缝处性能优异，有效缩短了工期。

第六，站台面石材在湿度大的环境下仍有优异的绝缘性能。

（3）施工工艺

第一，复合绝缘材料采用现场机械调制、人工铺设的施工方式。

第二，材料的半固体状使施工更为简便，也让前后施工达到无缝、无接口的整体化。

第三，施工不借助任何易老化失效或变形剥离的辅助器件，一体化工艺杜绝了石材面分区缝失效而引发的整体绝缘无效隐患，确保绝缘层如石材般长效耐用。

第四，优异的施工方式使面层石材成为独立的绝缘个体，对混凝土层无平整度等特殊要求。

第五，水平面与垂直面的接点处可处理为无接缝的整体，避免接缝口带来的隐患。

第二节　道路交通控制技术

一、干线协调信号控制

在城市交通中，由于交通流量大，各相邻交叉口相互关联、相互影响，只关注某一个交叉口的交通控制不能解决城市主干道的交通问题。在城市道路网中，交叉口相距很近，如各交叉口分别设置单点信号控制，车辆经常遇到红灯，时停时开，行车不畅，也会加重环境污染。为使车辆减少在各个交叉口的停车时间，特别是使干道上的车辆能够畅通行驶，人们把一条干道上一批相邻的交通信号连接起来，加以协调控制，就出现了干道交叉口交通信号协调控制系统（以下简称线控系统，也称滤波系统）。

（一）线控系统的分类

1. 定时式线控系统

（1）对于单向交通

在实施单向交通的道路，或者双向交通量相差悬殊的情况下，只要照顾单向交通流，就能实施交通信号协调控制。

（2）对于双向交通

对于实施双向交通的道路，如果各交叉口之间距离相等，比较容易实现协调控制，当信号之间车辆行驶时间恰好是线控系统周期时长的一半的整数倍时，可获得理想的效果。各交叉口的间距不等时，信号协调控制就较难实现，必须采取相关方法求得信号协调，且会损失有效通车时间。

2. 感应式线控系统

在干道上交通量相当小的情况下，为确保干道少量车辆的连续通行而维持线控系统，这时所产生的总延误时间很可能比单点信号控制还多。为避免这一缺点，线控系统应使用感应式信号控制机，配以车辆检测器。当车辆检测器测得交通量增加时，开动主控制机，使之全面执行线控系统的控制；而在交通量降低时，各交叉口的信号机按独立状态操作，使线控系统既能得到良好的连续通车效果，又能适应各个交叉口的交通变化。此系统被称为感应式线控系统。

3. 计算机线控系统

线控系统协调方案的确定和计算十分复杂，人工实施难免发生错误，而且交通效益不一定是最好的，更无法处理多相位复杂配时方案交叉口的协调。使用计算机可以得到由人工难以实现的控制方案。计算机协调线控系统有脱机和联机两种方法。

（1）脱机方法

脱机方法是一种用按某种优化原则编制的计算软件，由计算机计算确定线控系统的配时方案，然后把这些配时方案设置到各交叉口的信号控制机中，各信号控制机定时按照已经设定的配时方案控制各信号灯运转的方法。因为此方法对信号控制的实施与计算机无关，所以被称为“脱机”控制。MAXBAND和PASSER Ⅱ是两种典型的配时方案优化系统，各有优缺点。

（2）联机方法

使用联机方法时，不仅线控系统的配时方案由计算软件获得，而且计算软件所需要的输入数据（主要是交通信息）由计算机从车辆检测器中直接取得，线控系统信号灯的运转也是由计算机进行控制。

联机控制系统按照控制方式来划分，可以分为配时方案选择式和配时方案形成式两种类型。

配时方案选择式联机控制系统，预先存储了多种既定的配时方案。系统运行时，会依据实时采集到的交通流量、车辆排队长度等数据，从已有的方案库中挑选出最为适配当前交通状况的配时方案，以调控信号灯的切换时间、周期时长等参数。这种控制方式的优势在于决策速度快，因为无需临时生成全新方案，直接调用成熟方案即可。针对城市的主干道的早高峰、晚高峰、平峰等不同时段，系统能快速切换对应的配时方案，确保交通有序。不过，它的局限性也很明显，若实际交通状况与预设方案差异较大，便难以实现精准控制，且对突发交通事件的应变能力不足。

配时方案形成式联机控制系统，则更为智能和灵活。该系统不依赖预设的固定方案，而是凭借先进的算法模型，根据实时获取的各类交通信息，如道路上的车辆速度、不同方向的车流量变化等，实时计算并生成符合当下实际情况的最优配时方案。例如，在遇到交通事故或大型活动导致交通流量突变时，它能迅速分析数据，即刻生成新的信号灯配时策略，有效疏导交通。但其对系统的运算能力和数据处理速度要求极高，开发成本也相对较高，并且复杂的算法可能在某些极端情况下出现计算偏差，影响控制效果。

配时方案选择式控制系统的基本方法是：线控系统计算软件根据不同的交通状况，计算出相应的配时方案，把这些不同交通状况的配时方案移置到控制计算机或配有计算机的信号控制机（主控机）中，设置在路上的车辆检测器在测得路上的实际交通数据后，把这些信息传送到控制器或计算机进行数据处理，并按处理结果，选择最适合测得交通数据的配时方案，定出信号控制参数，计算机或主控机即按照这些控制参数指挥信号灯的运行。

（二）线控系统的选用

1. 线控系统的应用条件

选用线控系统时应考虑的主要因素有以下几个方面。

（1）车流的到达特性

在一个信号交叉口，车辆形成车队，脉冲式地到达，采用线控系统可以得到良好的效果。如果车辆的到达是均匀的，线控效果不会理想，就降低了对线控系统的要求。导致车辆均匀到达的因素有以下几种。

第一，交叉口之间的距离过远，即使是成队的车流，也会因为距离过远而引起车辆离散，不成车队。

第二，在两个交叉口之间，有大量的交通流从次要街道或路段中间的出入口（如商业中心停车场等）转入干线。

第三，在有信号的交叉口处，有大量的转弯车辆从相交街道转入干线。

（2）信号交叉口之间的距离

在干线街道上，信号交叉口之间的距离可在100～1000m的范围内变化。信号交叉口之间的距离越远，线控效果就越差。一般而言，信号交叉口之间的距离不宜超过600m。

（3）街道运行条件

单向交通运行有利于线控系统的实施，保证实施后的效果，因而考虑对单向交通运行的干道干扰，应优先采用线控系统。

（4）信号的分相

由于信号配时方案和信号相位有关，信号相位越多，对线控系统的通过带宽影响就越大，受控制交叉口的类型也就影响线控系统的选用。有些干线具有相当简单的两相位交叉口，宜选用线控系统；而另一些干线要求多个左转弯相位，则不宜于选用线控系统。

（5）交通随时间的波动

车辆到达特性和交通量的大小，在每天的各个时段内有很大的变化。高峰时期的交通量大，容易形成车队，用线控系统会有较好的效果。

2. 线控系统的改进措施

线控系统方案形成后，会由于多种原因而达不到预期效果，相关部门可以通过以下措施进行改进。

第一，如果滤波带宽较窄，滤波覆盖车辆较少，可以适当延长个别路口干线方向的绿灯时间，或者通过调整相位设置来增加滤波带宽度。

第二，可以采用不同的系统周期时间和系统速度进行试算，挑选出效果较好的组合。

第三，如果车辆的到达较为均匀，不利于形成车队，导致滤波效果差，可以考虑将此主干线进行分段控制，使车辆聚集，形成车队。

第四，选用线控系统时，各交叉口主干线方向的通行能力应当大致匹配，不能出现“瓶颈”路口或者个别路口需求过大而导致交通拥挤。如果出现此类问题，最佳方案是对此路口进行改造，提高通行能力；如果条件不允许，应当将此路口移出线控系统，并提前控制车流，防止车流迅速到达而引起交通拥挤。

第五，如果干线交叉路口间距不均匀，个别路口间距过小，可以考虑将两个路口合并，形成同步系统。

第六，选用线控系统时，车辆的行驶速度必须严格控制，否则会影响系统效果，可以设置速度提示标志或者设置车辆引导装置。

第七，干线系统方案确定后，应先进行仿真评价，并及时进行调整。在实施过程中，由于车辆运行情况与以往有很大不同，可能导致车流运行速度增加、交通吸引力增加等问题而影响系统效果，应当及时调整方案。

二、区域交通信号控制

城市区域交通信号控制通常基于这样一个事实：在一个区域或整个城市范围内，一个路口交通信号的调整将会影响相邻路口的交通流；而相邻路口交通信号的改变也会影响本路口的交通状况。因此，相关部门从整个系统的战略目标出发，根据交通量检测数据，协调区域内各路口的交通信号配时，必然能够取得整体最优的效果。而这种效果是交通信号单点控制所不能获得的。

（一）区域交通信号控制的概念

区域交通信号控制系统的控制对象是城市或城市的某个区域中所有交叉口的交通信号。区域交通信号控制系统的概念是：把控制对象区域内全部交通信号的监控，作为一个交通监控中心管理下的整体控制系统。它是单点信号、干线信号系统和网络信号系统的综合控制系统。区域交通信号控制系统的总目标是：在未饱和的交通条件下，减少车辆行驶延误，减少红灯停车次数，缩短车辆在路网内的行驶时间，提高路网的整体通行能力。

区域交通信号控制系统是用计算机对城市或某个区域路网的路口信号机进行协调控制，以计算机为中心的数据通信系统。因此，随着计算机技术的不断发展，以及通信、检测、控制技术在交通控制领域的广泛应用，区域控制系统得到了快速发展。早期的区域控制系统着重对周期、绿信比和相位差等交通信号参数进行最优控制；现代的交通控制系统则是多种技术的集成，包括车辆检测、数据采集与传输、信息处理与显示、信号控制与优化、电视监视、交通管理与决策等多个组成部分。智能运输系统的开发与应用大大扩充了实时交通流信息的内容，区域交通信号优化控制面临着新的发展。

区域控制系统可提高现有道路的交通效率，改善道路交通安全，减少消耗，减少环境污染，收集交通数据，提供交通情报，强化交通执法和指挥诱导，为整个社会提供综合经济效益。实践证明，现代化的交通控制系统是缓解城市交通问题的重要措施，具有投资少、效率高、见效快且有效面广的优点。同时，它也是城市现代化的重要标志。

（二）区域交通信号控制的分类

1. 按控制策略分类

（1）定时式脱机操作控制系统

这种系统利用交通流历史统计数据进行脱机优化处理，得出多时段的最优信号配时方案，存入控制器或控制计算机内，对整个区域交通实施多时段定时控制。

定时控制操作简单，可靠且效益投资比高，但不能适应交通流的随机变化。在脱机优化过程中，相关部门利用计算机对大量历史数据分析与计算进行优化求解，寻求在新情况下的最佳配时方案。因此，采用脱机操作系统的信号协调控制多适用于交通流相对稳定的道路网。该系统只有在网络交通条件发生重大变化，信号配时方案不能满足要求时，才重新对整个网络进行一次交通量数据采集、处理，进而更新信号配时方案。很显然，离线控制系统简单、可靠，但不能及时响应交通流的随机变化，因此当交通量数据过时后，控制效果会明显下降。

（2）感应式（响应式）联机操作控制系统

这种系统利用设在道路上的车辆检测器实时对交通流进行检测，并将检测结果反馈给中心计算机进行优化计算，不断得到适合交通流变化的优化信号配时方案，由中心计算机控制路口信号机实施。

感应式联机操作控制系统也称“自适应控制系统”，意为能够自动适应交通流变化而进行配时调整的系统，因此，该系统多适用于交通流变动较大的道路网。

该系统通过路网上的车辆检测器，实时采集交通量数据，进行交通模型辨识，进而得到与配时参数有关的优化问题，在线求解该问题即获得配时方案，然后对区域内的交通信号实施控制。在线控制系统能够及时响应交通流的随机变化，控制效果好，但控制结构复杂，系统维护困难。

2. 按控制方式分类

按控制方式的不同，区域控制系统可分为以下两大类。

（1）方案选择方式

交通工程师会提前根据不同的交通拥堵情况，制定好多个信号灯时长的优化方案，把这些方案存进电脑里。在实际运行的时候，道路上的交通检测器会实时监测车流量，电脑就根据检测到的实时车流量情况，从提前准备好的方案里选出最合适的一个，让路口的信号灯按照这个方案工作，这样就能根据交通流量的变化，及时调整信号灯的时长了。

（2）方案形成方式

这种方式是根据车辆检测器采集到的实时交通流信息，实时设计最佳的配时方案，与不断变化的交通流相适应，实施动态交通控制。

3. 按控制结构分类

按控制结构分类，区域控制系统可分为以下两类。

（1）集中式控制结构

当需要控制的信号数目很多，并分散在一个很大的地区内时，设计人员在设计集中控制系统时必须特别谨慎，应考虑以下三点。

第一，需要监视和控制的实时单元（检测器、信号控制机和可变信息标志等）的数量。

第二，对信号网与检测器收集并分配数据和指令所需通信传输线路的费用。

第三，可选用的控制方法和执行能力的灵活性。

（2）分层式控制结构

该结构把整个控制系统分成上层控制与下层控制：上层控制主要接收来自下层控制的决策信息，并对这些决策信息进行整体协调分析，从全系统战略目标角度考虑修改下层控制的决策；下层控制则根据修改后的决策方案，作必要的调整。上层控制主要执行全系统协调优化的战略控制任务，下层控制则主要执行个别交叉口合理配时的战术控制任务。这种结构可以避免集中式控制结构的缺点，且有分级控制的功能，提高了系统的可靠性，但需增加设备，投资成本较高。

分层多级控制一般分为三级控制结构：第一级位于交叉口，由信号机控制；第二级位于所控制区域内的一个比较中心的地点；第三级位于城市内的一个合适的中心位置，充当指挥控制中心。此中心能监视城市内任一信号交叉口的交通状况，接收、处理实时交通流数据，并提供监视、显示和控制指挥设备。此外，控制中心能接收设备故障的情报，以便采取相应的措施。

在控制模型的计算方法上，当前的控制系统大部分是在正常交通条件下设计的，即在未饱和的交通条件下设计的。有的方案以降低延误概率、减少行程时间为目标，有的方案以减少停车次数为目标，有的则以提高路网通行能力为目标。超饱和交通条件下的控制方案一直是国际上的重要研究课题，国际上已出现了一些超饱和控制的模型，但均未付诸实践。

三、交通诱导控制

（一）交通诱导控制概述

交通诱导控制是一种主动式的控制方式，是指通过一定的交通信息发布媒介，实时向道路交通参与者提供道路的实际运行情况，提醒、建议或控制交通参与者选择最佳的行走路线，从而避免或者减少行程延误和损失的一种道路交通控制方式。交通诱导控制重在加强交通参与者与交通控制系统之间的信息传递，是以交通情报信息传递为主的控制。

交通诱导系统（Traffic Guidance System，TGS）或称交通流诱导系统（Traffic Flow Guidance System，TFGS）、交通路线引导系统（Traffic Route Guidance System，TRGS）、车辆导航系统（Vehicle Navigation System，VNS），基于电子、计算机、网络和通信等现代技术，根据出行者的起讫点向道路使用者提供最优路径引导指令，或是通过获得实时交通信息帮助道路使用者找到一条从出发点到目的地的最优路径。

通过路网实时交通信息的采集、交互传播，诱导车辆选择最佳路径的交通诱导系统，成为交通管理发展的趋势。这种系统的特点是把人、车、路综合起来考虑，通过诱导道路使用者的出行行为来改善路面交通系统，防止交通拥堵的发生，减少车辆在道路上的逗留时间，最终实现交通流在路网中各个路段上的合理分配。由于控制设备复杂、优化模型困难，交通诱导控制的应用还在发展中，目前还没有达到传统信号控制的普及程度。

（二）交通诱导控制的特点与分类

从宏观上来说，交通诱导是一种控制信息的传递过程。所传递的信息内容是道路交通的情况，如是否繁忙、是否拥堵、是否有其他备选路径等。信息可以是现场的状态信息，如“已经拥堵”，或者控制预测信息，如“预计车流较多”

等。交通信息来自道路视频监控系统、接处警系统、公路车辆智能监测记录（卡口）系统、交通信号控制系统、人工采集以及相关单位和部门提供的动态信息等。信息需要进行加工，以传递到不同的接收点。传输信息的介质，包括可变信息情报板、车载导航终端、计算机网络、数字广播、数字电视、移动通信设备、电话等多种形式。在目前的技术手段下，所有的信息通过驾驶人的判断，对车辆的运行情况作出调整，从而达到控制交通流的目的。

1. 强制性与建议性控制

交通诱导控制根据强制性程度，主要分为强制性（约束性）控制和建议性（非约束性）控制。

（1）强制性（约束性）控制

交通诱导控制通过传递交通信息来达到诱导与控制交通流的目的。如果所传递的交通信息是以道路交通法律、法规中所规定的具有约束性含义的交通标志的内容（或图案）的形式表示，则这样的交通诱导信息就具有法律上的强制性和约束性，交通参与者必须严格执行和遵守这种交通诱导信息，否则即属于交通违法行为。例如，道路上的可变交通标志和高速公路上的可变限速标志等都具有这种约束作用。

（2）建议性（非约束性）控制

交通诱导控制除传递约束性的交通信息外，更多的情况是向广大交通参与者提供交通运行状况和行车建议等情报信息。这类信息属于非约束性信息，即信息是否被交通参与者采纳并非具有法律上的强制性，而是交通参与者自己作出进一步交通行为决策和判断时的参考依据。例如，可变交通信息标志、交通广播、车载诱导系统都具有这种功能。

2. 车内诱导与车外诱导控制

交通诱导控制系统根据交通诱导信息的作用范围，主要分为车内诱导控制系统和车外诱导控制系统。

（1）车内诱导控制系统

该系统的诱导对象是单个车辆，也称为车辆个体诱导系统，实时交通信息在车辆和信息中心之间传输。这类系统的诱导机理比较明确，容易达到诱导的目的，但其对车内设施和信息传输技术要求比较高，造价相对昂贵。

（2）车外诱导控制系统

该系统的诱导对象是车流群，交通诱导信息在车流检测器、信息中心和外场信息显示设备（交通信息板、交通诱导屏等）之间传输，也称群体车辆诱导系统。车外诱导系统一般可分为城市交通诱导系统（包括城市街道诱导信息发布系统、城市停车诱导系统等）和公路交通诱导系统（含高速公路交通诱导系统等）。

车外诱导是以“广播”的形式通知一个群体，车内诱导是具体到一个个车辆，两者的技术复杂程度与效果有较大的差别。在现阶段的中国，所设计并实施的交通诱导系统一般属于车外诱导系统。这种系统投资少、见效快，对群体车辆有较好的诱导作用，可以快速缓解交通拥堵现象。待条件成熟后，交通诱导系统可以在车外诱导控制系统的基础上进一步扩展，建设车内诱导控制系统。

（三）交通诱导控制的主要方式

1. 可变交通标志诱导控制

目前，可变交通标志诱导控制是一种应用范围最广泛、最普遍的诱导控制方式。其主要是利用交通控制系统所采集到的交通运行状况和各种交通参数信息，经过控制中心的计算机处理，由可变交通标志信息板或情报板实时地显示道路交通的状况和相关的控制信息。例如，该控制方式提供某交叉口或路段的交通拥堵情况、某地点发生交通事故的情报、某停车场有无空余泊位的信息，以及交通环境噪声、城市污染和天气情况等，向驾驶人提示最佳的行驶速度、提醒交通参与者选择合适的交通路线等。这种控制方式由于及时向交通参与者发布了交通信息，可以使交通参与者及早采取对策，从而达到有效缓解、疏导和控制交通的目的。

（1）可变交通标志控制系统的功能

同一信息板可在不同的时段分别显示不同的交通标志，从而实现对交通流的动态控制。可变交通标志的显示屏，其外观、作用都类似普通的静态交通标志。但是，作为可变交通标志，它可以根据不同时段的交通管理与交通控制的需要，随时变换所显示的交通标志的种类，即同一块交通标志显示板通过显示内容的变化，可以起到多个交通标志的作用。因此，可变交通标志比一般的静态交通标志具有更大的灵活性，也就能进一步适应交通管理对交通流的动态控制的实际需要。

第一，可变交通标志控制系统可以及时向广大的交通参与者显示有关的交通信息和情报信息，实现交通管理与控制的主动化。可变交通标志的显示屏可以随时显示控制中心收集到的交通路况信息（如交通流量变化、交通拥挤路段、道路施工或故障等）、情报信息（如交通事故、意外事件等情报）和停车场信息，及时提醒车辆驾驶人和某些特定用户注意或主动采取应对措施，从而有效地管理与控制交通，避免一些特殊情况下的交通事故或延误的发生，提高交通管理与控制的主动性。

第二，可变交通标志控制系统可以提醒或引导驾驶人选择合适的行驶路线，有利于交通负荷在路网的均衡分布。对于拥堵程度较高的道路，在车流到达入口前，可变交通标志显示屏可以向交通参与者发布拥堵道路信息和替代道路信息，促使驾驶人主动选择合适的行驶路线，减少拥堵。

（2）可变交通标志控制系统的构成

可变交通标志控制在技术上简单易行、成本低廉，且对信息处理与采集的要求不高，大部分城市可以快速部署建立可变交通标志控制系统，达到立竿见影的效果。

①控制中心。控制中心包括信息的采集与处理两个部分。信息采集主要包括前端数据接入、数据分析处理以及对各路面诱导标志的显示内容的编排、显示方式的选择、显示信息的记录等。其主要根据具体的交通运行情况，制定适用于不同可变信息标志的可变信息，然后通过通信系统传递给可变信息标志。

②通信系统。通信系统主要是指通信控制系统和通信线路，其主要作用是传递实时的交通检测信息和控制中心制定的可变交通信息。通信线路有光纤、无线通信等链路，并且支持互备容灾。

③可变信息标志。可变信息标志是可变交通标志诱导控制系统的执行装置，其主要功能是执行和再现由控制中心制定与生成的实时可变信息。一个具体的可变信息标志的控制装置，主要由通信接口、控制器、实时时钟、图形生成器、输出驱动电路和显示屏等组成。

2. 停车诱导控制

停车诱导系统（Parking Guidance and Information System，PGIS）是为了解决市中心寻找空闲车位困难的问题而产生的，属于交通信息服务系统中的一个子系统。它主要通过路边的可变信息显示板、无线通信设备等设施，向驾驶人提供停车场的位置、使用状况、诱导路线、交通管制和交通拥堵状况等实时、准确、全面的车位信息，引导其通过最优的路径到达最合适的停车场，以减少寻找车位带来的交通量，提高停车场的利用率，节约驾驶人的出行时间。停车诱导一方面可以使驾驶人快速到达目的停靠地点；另一方面可以减少车辆在道路上的停留时间，通过信息的传递来减少非必要的能源消耗和道路资源消耗。

（1）停车诱导系统的诱导形式

从诱导的形式上来看，停车诱导系统分为主动诱导和被动诱导两种类型。主动诱导是指系统根据实时的停车信息，给信息需求者提供具体的行车路线；被动诱导是指系统将实时的停车信息尽快地发布出去，将路径选择权交给使用者，让驾驶人决定行走路径。不管是哪种形式的诱导，准确的信息是系统运行效果的最终保证。

（2）停车诱导系统的构成

停车诱导系统由四个部分组成，分别是停车数据采集系统、停车数据处理系统、停车数据传输及通信系统和停车信息发布系统。停车诱导的四个组成部分并没有明确的界限，各部分相互贯穿，共同组成一个统一的整体。准确、完备的信息采集是系统工作的基础，正确、实时的信息处理是系统正常工作的保证，信息传输是系统各部分连接的保障，信息发布是系统所有工作的体现。

为了便于管理和组织，停车诱导系统一般实行分级式诱导，也就是将全市划分为若干区域，每一个区域都是一个停车诱导管理中心。整个系统的基本单元是同一种，即诱导管理中心与其范围内的外界元素的对应，所有的区域诱导中心对总控制中心具有数据传输的功能，统一接口，在管理上实行分级别管理。区域诱导中心采集本区域内所有停车场的信息、各种停车泊位的信息，以及本区域内的交通状况；区域控制中心进行数据处理，并将其发布到各种媒体上以供用户使用，同时给总控制中心提供数据查询和重要信息；总控制中心将这些信息以不同的方式向外输送。信息从区域诱导中心到区域控制中心再到总控制中心，这是一个从具体到集合的过程，是一个统计和分层次的流程。

3. 车载导航式诱导控制

近年来，随着无线定位技术和通信技术的不断发展，基于GPS的车载导航式诱导控制系统成为较先进和较复杂的一种诱导控制方式，成为智能交通控制系统中的一个主要内容。简单地讲，车载导航式诱导控制就是利用系统安装在车内的导航装置所提供的有关交通信息，为道路交通参与者选择自己的行驶路线提供参考或建议，或根据驾驶人在终端输入的交通需求，通过系统计算机的运算，由导航装置直接为车辆提供最佳的行驶路线的一种诱导控制。

（1）车载导航式诱导控制系统的构成

车载导航式诱导控制系统主要由信息采集系统、信息传输系统、中心控制计算机系统、无线信息收发系统、车载系统等部分组成。

（2）地图匹配

各大城市开始兴建交通信息诱导中心，需要获取安装GPS车辆的位置信息，通过一定的算法判断当时所行驶道路的路况和相应的道路状态信息。根据车载诱导导航的工作原理，该系统要想完成诱导，首先要通过GPS获取车辆的位置信息。由于城市道路复杂，GPS信号丢失、“漂移”等情况经常发生，需要采用一定的手段来消除车辆定位的误差。地图匹配是一种通过地理信息系统技术来消除车辆定位误差的方法。该方法始终假设车辆在道路网中的车道上行驶，通过车辆的定位信息或者车辆的行驶轨迹曲线，按照一定的算法，与导航电子地图数据库中的道路或者曲线参数进行比较，最终将车辆定位在车道上。地图匹配算法不但可以与定位技术相结合，提高车辆的定位精度，而且是GPS浮动车信息采集中的一项核心技术。

（3）车载导航式诱导控制系统的功能

车载导航式诱导控制系统通过通信传输，将GPS信息传送至信息中心；信息中心经过对GPS信息的处理、数据挖掘和地图匹配处理，获得路段乃至整个路网的实时交通运行状态，最后通过多种信息发布方式，向出行者提供动态、实时路段甚至整个路网的交通状况。

第三节 道路交通安全技术

一、道路几何线形条件与交通安全

（一）平面线形与交通安全

道路平面线形要素包括直线和平曲线，平曲线又分为带缓和曲线的平曲线与不带缓和曲线的平曲线两类。道路平面线形是由多个直线和平曲线按照一定规律与要求组合而成的。直线的线形指标是直线段长度。其中，具有控制性的两个指标值是长直线的最大长度和两相邻曲线间直线段的最短长度。平曲线的线形指标包括平曲线半径、平曲线偏角、平曲线长度、缓和曲线长度或参数和平曲线超高等。在承担同样交通量的条件下，平曲线上的交通事故要多于正常的直线路段，这是基本的事实。

（二）纵断面线形与交通安全

纵断面线形要素包括纵坡路段和竖曲线路段。纵坡路段的线形指标是纵坡坡度，包括上坡和下坡。在纵坡变化处设置的竖曲线有凸型竖曲线和凹型竖曲线两大类，每类又可细分为两种。

1. 纵坡对交通事故的影响

纵坡坡度的大小主要影响车速和停车距离，对载重型车辆的影响尤为明显。在机动车和非机动车混行的城市道路里，道路纵坡普遍不大，对交通事故的影响相对较小。但平面交叉口进出口道上的纵坡坡度对交叉口上的交通事故有着较大的影响。以机动车交通为主的公路为了克服高差，会采用较大的道路纵坡，这对交通事故的影响较大。事故率会随着道路纵坡（不论是上坡还是下坡）坡度的增加而增加。

2. 竖曲线对交通事故的影响

与直坡路段相比，凸形和凹形竖曲线路段均属于视距条件受限制的路段。另外，车辆行驶在竖曲线上还会经历加载（凹形竖曲线上）或减载（凸形竖曲线上）等荷载变化过程。因此，竖曲线上的事故率要高于一般的直坡路段。

（三）平纵线形组合与交通安全

1. 纵坡与平曲线的组合路段

在纵坡与平曲线的组合路段上，事故率会随着纵坡坡度的增加和平曲线半径的减小而增大。平曲线半径越小、纵坡坡度越大，事故率越高。当下陡坡的坡底处接小半径的平曲线后，这样的组合路段上的事故率还会更高。

2. 平曲线与竖曲线的组合路段

平曲线与竖曲线的组合路段，简称弯坡组合路段，是道路上几何线形复杂且交通安全问题较突出的路段之一，尤其是半径较小的平曲线与竖曲线的组合路段。在弯坡组合路段上，纵向视距不足和横向视距不足的问题会同时出现，而行驶车辆所受到的复杂力学变化也增加了驾驶员的操纵难度。因此，弯坡组合路段的事故率普遍较高。其中，部分线形指标较低的弯坡组合路段就是该条道路上的事故多发路段。由于道路类型不同、等级不同、交通量及交通组成的不同，弯坡组合路段上的交通事故和事故率会存在较大差异。

二、交通控制方式与交通安全

（一）交通控制类型对交通事故的影响

平面交叉口的交通控制类型主要有无控制、让行控制、停车控制、信号控制和绕岛环形行驶等。

平面交叉口的交通控制类型主要有让行控制、信号控制以及绕岛环形行驶等。

用让行控制方式来代替无控制方式时，绝大多数研究结果表明，受伤事故和财产损失事故减少了3%左右，事故减少量不多的原因可能是让行入口上的车速依然较高。

信号控制确实可有效地减少交通事故，但具体减少的数量还与事故类型以及信号配时方案有关。

平面环形交叉口的交通控制方式就是车辆绕中心岛环形行驶，其显著的特点是改变了交通冲突的形式、降低了车速差以及进出交叉口的车速。多数研究结果表明，绕岛环形行驶的交通控制方式，对减少死亡事故和受伤事故的效果是明显的。

（二）禁止转向对交通事故的影响

无论是有信号控制还是无信号控制，平面交叉口禁止部分转向，均会显著地减少交通事故。

（三）人行横道设置对交通事故的影响

平面交叉口划设人行横道的目的是引导行人在指定的地点通过交叉口并引起驾驶员的注意。影响人行横道上交通事故发生的因素有人行横道的可视性、交叉口的类型和信号配时方案等。人行横道的设置不仅影响过街行人的安全，还会对机动车事故产生一定的影响。

（四）入口限速对交通事故的影响

从理论上来看，降低交叉口入口的车速是可以降低事故严重程度和事故发生概率的。入口车速越快，需要的停车距离就越长，这就要求驾驶员在交叉口遇到潜在冲突时必须作出快速的反应。

三、隧道与交通安全

与建设在大地表面上的公路或城市道路相比，建设在地表下的隧道既有交通安全方面的优势，又存在不利于交通安全的因素。

（一）安全优势

第一，隧道里很少有交叉口或出入口道路。

第二，隧道里很少有或几乎没有行人和自行车。

第三，与存在急弯、陡坡的地面道路相比，隧道往往拥有更好的线形条件。第四，隧道里几乎不会遭遇雪崩、山体滑坡等自然灾害。

第五，隧道里不会存在下雨或常规冬季条件下的行车状态，也不会面临除雪问题。

（二）影响隧道交通安全的不利因素

第一，隧道里的交通空间有限，紧急情况下规避事故的机会不多。

第二，隧道里没有日光，车辆进出隧道时会产生急剧的光线变化。

第三，隧道里的新鲜空气不充足或流通不畅，雾、尾气等降低了驾驶员的视觉可见度。

第四，发生事故或火灾时，隧道里的逃生路径易被阻挡，救援工作难度较大。

在隧道中，事故率最高的地点是进入隧道洞口前的50m范围内和驶出隧道洞口后的50m范围内，其次是隧道内接近洞口的50m范围内。隧道外洞口前（后）事故率较高的原因是该区段位于隧道的阴影区，相对于日光照射的路段，该区段上行驶的车辆更容易出现打滑现象。隧道内洞口处事故率较高的原因是驾驶员行驶至该处时易出现暗适应（进入洞口后）或眩光（即将驶出隧道时）现象。

（三）关于隧道交通安全问题的研究结论

第一，城市里的隧道比其他地面道路更安全。

第二，采用比地面道路大两倍的平曲线半径，有利于降低隧道的事故率。

第三，增设隧道照明、降低隧道纵坡和增加车道宽度等，均有利于改善隧道的交通安全状况。

第四，公路上的双洞隧道要比单洞隧道更安全。

第五，由于比陆地上隧道的纵坡大，海底隧道的事故率高于陆地上的隧道。

第七章　城市交通管理

第一节　城市交通的管理

一、交叉口的交通管理

（一）平面交叉口的交通管理

1. 平面交叉口的交通管理原则

平面交叉口的交通管理应遵循以下基本原则。

（1）减少冲突点

交叉路口的交通管理原则之一是减少来往两个方向的车辆的冲突点，既可以在交叉路口使用多种方位的信号灯来控制车辆的来往方向，也可以使用单行道的方法。

（2）控制相对速度

交叉路口的交通管理的另一原则是控制车辆的相对速度，既可以采用设置隔离的方式，将合流角严格控制在30° 以内，也可以在交叉路口严格控制车辆的行驶速度，还可以设置减速带来控制速度。

（3）重交通车流和公共交通优先

重交通车流是指具有较大交通流量的交通流（干道或主干道上的交通流）。重交通车流通过交叉口时应具有优先权。其方法是在轻交通流方向（支路）上设置减速让行或停车让行标志，或是延长在重交通车流方向上的绿灯时间。对于公共交通，相关部门也可采取类似优先控制的方式。

（4）分离冲突点和减小冲突区

交叉路口的冲突点较多、冲突区较大。这是因为交叉路口的方向比较多，本来就集中了较大的车流量，而且各个方向路径之间有很大的差异，有些方向的路径重叠性高，有的方向路径相差较远，这就大大降低了安全性，容易发生交通事故。因此，在这种情况下，相关部门要将冲突点分析，将冲突区缩小，提高车辆通过的效率，增加安全性和可靠性。比如，相关部门可以按照机动车辆的不同来划分各自的通道，各种类型的车辆必须在所属的车道上行驶。在左转弯的时候，非机动车在车道最里面，是大迂回；自行车和电动车等小型车辆则在最外面的车道，是小迂回。相关部门也可以在一些交叉路口的危险地段画上禁止车辆进入的标志，缩小冲突区。

（5）选取最佳周期，提高绿灯利用率

提高交叉路口信号灯的利用率就是要根据交叉路口的车流量和车流高峰期作调查，计算出绿色信号灯与车流量的比例，从而提高车辆的通行效率。

除以上五种方法外，相关部门还可以采取以下方法对交叉口进行管理：划分机动车和非机动车的专属车道；在比较长的人行横道上设置安全道；分流不同的交通方向；根据城市的不同情况，采取限号出行的方法……在实际情况中，运用这些措施要具体问题具体分析，因地制宜，灵活变通。

2. 平面交叉口的功能区界定

（1）平面交叉口功能区的定义

交叉口功能区的定义对交叉口交通运行的安全性和畅通性有着非常重要的意义。机动车进入交叉口要进行一系列复杂的过程：感知、反应、减速、排队等待、转向或穿越、加速等，功能区则是实施这一系列复杂操作的空间范围，或者说是交叉口对其相交道路的影响区域范围。

（2）平面交叉口功能区的范围界定

根据车辆在交叉口的驶入和驶出方向，平面交叉口功能区可以分为上游功能区和下游功能区。驶入车辆受到影响的区域位于交叉口的上游，称为交叉口上游功能区；驶出车辆受到影响的区域位于交叉口的下游，称为交叉口下游功能区。交叉口功能区的范围界定，就是确定上、下游功能区的长度。

3. 平面交叉口的接入窗口辨识

道路的两侧经常会有一些土地开发规划，如大型的超市、商务办公楼、娱乐设施、文化设施的兴建，居民住宅区的规划，等等。这就需要支路将开发项目与主要道路连接起来，以满足这些规划设施所产生的交通需求。

在将支路接入主要干道上时，相关部门应尽量避免其对主干道交通的影响，特别是对主干道交叉口运行的影响，这就需要选择合适的接入地点。接入窗口就是指主路两侧适合支路接入的一段区域。在理想状况下，接入点的位置应当位于交叉口的功能区之外。根据这条原则，相关部门可以采用排除法来识别接入窗口。

要想辨别主路上何处最适合接入，首先需要清楚何处不适合接入，排除这些区域之后，剩下的区域就是适合支路接入的接入窗口。在接入窗口接入支路，可以把支路对主路的交通影响降到最小，也可以提高接入道路的服务水平和安全性能。

4. 平面交叉口的渠化

交通流在交叉口的分流、合流与冲突，容易导致运行秩序混乱，发生拥堵甚至交通事故等。因此，相关部门需要在交叉口功能区内进行交通管理和运行组织，从而确保交通流能有序、安全、快速地通过交叉口。

交叉口的交通组织，实质上是交叉口不同流向、流量的交通流进行路权分配上的优化。相关部门在确定了交叉口的放行方法（管理、控制方式）以后，要进行交叉口的渠化，即通过交叉口的空间渠化和信号相位渠化来分离冲突点的位置或转变冲突性质。需要注意的是，交叉口空间渠化的作用是通过空间路权分配的方式来固定冲突点的位置，重点是控制冲突点的位置，而信号相位渠化的作用是结合交叉口相位方案来明确不同流向、不同种类交通流的时间路权，重点是控制冲突点上冲突现象的发生。因此，相关部门要根据不同条件、不同对象，解决空间渠化与信号相位的整合问题，尽可能用技术与设施来解决冲突。

（二）立体交叉口的交通管理

立体交叉（简称“立交”）是指在道路与道路、道路与铁路相互交叉时，用跨线桥或地下通道，使两条路线在不同的水平面上通过的交叉形式。立交可使各方向车流在不同标高的平面上行驶，消除或减少了冲突点，从而提高了行车速度，提高了通行能力，减少了交叉口的延误和油耗。立交控制相交道路车辆的出入，减少了外界因素对高速行车的影响，增加了交通安全度，因此常被用于行车速度较快和交通量较大的道路主干线上。

城市道路立体交叉口的选择应符合以下规定：一是减少交叉口主流方向的行驶距离，让车辆能迅速通过这个路段；二是道路网中的立体交叉口的结构要简单，减少占地面积，样式几乎一样；三是在立体车道中划分机动车和非机动车道后，让同一类型的车道在立体空间上一样，相互叠加组合，节约立体交叉口的用地面积。

1. 按相交道路的跨越方式分类

立体交叉口按相交道路的跨越方式可划分为上跨式和下穿式。

上跨式立体交叉口是指相交道路中，一条道路从上方跨越另一条道路的形式。其显著优势在于施工相对简便，对周边环境的影响较小，建设过程中地下管线等设施的迁移工作量较少。此外，上跨式立体交叉口在视觉上较为开阔，驾驶员的视野良好，能够清晰地观察道路状况 。例如，一些城市在新建道路与既有铁路相交处，常采用上跨式立体交叉口，让道路从铁路上方通过，减少了对铁路运营的干扰。然而，这种形式占地面积较大，尤其是在土地资源紧张的城市中心区域，其建设会受到一定限制；同时，车辆上坡、下坡过程中会消耗更多燃油，增加运营成本。

下穿式立体交叉口则是一条道路从下方穿过另一条道路。其最大优点是能够有效节省地面空间，在城市繁华地段或土地资源稀缺区域具有很强的适用性，还能避免对地面景观和交通的过多干扰。像一些大型城市的核心商业区，常采用下穿式立体交叉口，使车辆在地下通过交叉区域，地面依旧保持商业活动的连贯性和行人通行的便利性。不过，下穿式立体交叉口施工难度较大，需要进行大量的土方开挖和地下结构建设，施工成本高，并且存在排水、通风等技术难题，后期维护成本也相对较高。

2. 按交通功能分类

按其交通功能可划分为互通式立体交叉口和分离式立体交叉口两大类。

上下层之间用匝道或其他方式连接的立体交叉口称为互通式立体交叉口。分离式立交，即简易立交，是仅设跨线构造物（跨线桥或地道）一座，使相交道路在空间上分离，上、下道路间无匝道连接的交叉形式。

二、交通运行管理

（一）行车管理

1. 机动车速管理

（1）车速管理

车速管理是指运用交通管制的手段，强制性地要求机动车按照规定的速度范围在道路上运行，以确保道路交通安全。

从各地发生的交通事故情况分析来看，超速行驶所造成的交通事故占很大比重，因此，相关部门应对行驶车速进行严格的管理和控制。特别是那些不符合设计技术标准的路段，必须严格采取限速措施，以确保行车安全。

（2）限速措施

最高行驶车速的限制是指对各种机动车辆在无限速标志路段上行驶时的最高行驶车速的规定。

道路上某点的时间平均车速是单位时间内各辆车在该点上的车速分布平均值，这种地点车速分布平均值可通过车速频率分布曲线和车速累计频率分布曲线来确定。

2. 机动车道管理

（1）行车道宽度条件

行车道宽度的设置应该以该路段的车行速度和机动车的车型为依据。

（2）单向交通

单向交通又称单行线，是指道路上的车辆只能按一个方向行驶的交通。

（3）变向交通

变向交通，又称“潮汐交通”，是指在不同的时间内变换某些车道上的行车方向或行车种类的交通。

（4）禁行管理

为了调节道路上的交通流，将一部分交通流量均分到其他负荷较大的道路上，或满足某些特殊的通行要求，根据道路条件和交通条件，实行对机动车和非机动车的某种限制通行的管理，被称为禁行管理。

（5）专用车道管理

规划专用车道（或专用道路系统）是缓解城市交通问题的途径之一。

（二）停车管理

1. 停车设施的类型划分

（1）按照停车设施的服务对象分类

按照服务对象，停车场可分为专用停车场、建筑物配建停车场和社会公共停车场。专用停车场是指专业运输部门或企事业单位建设的停车场地，仅供单位内部的自有车辆停放，如公共汽车总站、长途客货运枢纽等。专用停车场几乎不为社会上其他车辆提供停车位。建筑物配建停车场是大型公用设施或是建筑配套建设的停车场所，主要为与该设施业务活动相关的出行者提供停车服务。配建停车场的服务对象包括主体建筑的车辆和被主体建筑吸引的外来车辆。社会公共停车场是为从事各种活动的出行者提供公共停车服务的停车场所，服务范围最广，通常设置在城市商业活动中心、城市出入口和公共交通换乘枢纽附近。

（2）按照停车场地的位置分类

停车场按其与城市道路系统所处的相对位置，可以分为路内停车场和路外停车场两种类型。路内停车场是指在城市机动车道（或非机动车道）的两侧或一侧划出若干路面供车辆停放的场所。路边停车场的车辆存取方便，但是对城市机动车和非机动车交通的干扰较大，因此必须保留足够的道路宽度供各种车辆通行，并且通常仅限于短时车辆的停放。路外停车场位于城市道路系统以外，通常由专用的通道与城市道路系统相联系，对动态交通的影响较小。

2. 路外停车交通管理方法

（1）停车场规划与建设管理

科学规划布局：依据城市发展规划、交通流量预测以及不同区域的功能定位，制定路外停车场专项规划。在商业区、医院、学校等停车需求集中的区域，优先规划建设停车场；鼓励在城市轨道交通站点周边建设驻车换乘停车场，引导市民绿色出行。

严格配建标准：明确各类建设项目的停车配建指标，新建、改建、扩建项目必须按照标准配套建设停车场。对未按规定配建停车场或配建不足的项目，不予审批通过。同时，加强对停车场建设过程的监督，确保停车场建设质量和标准符合要求。

鼓励多元化建设：出台优惠政策，鼓励社会资本参与路外停车场建设。支持利用地下空间、闲置土地等资源建设停车场；对建设机械式立体停车场等高效利用土地的项目，给予一定的政策扶持。

（2）停车场运营管理

规范收费管理：制定合理的停车收费标准，根据不同区域、不同时段实行差异化收费。在交通拥堵区域和高峰时段，适当提高停车收费价格，引导车辆合理停放。加强对停车收费的监管，确保收费公开透明，防止乱收费现象。

加强停车秩序维护：停车场运营管理单位应配备足够的管理人员，负责车辆的引导和停放管理。在停车场内设置明显的标识、标线，引导车辆有序进出和停放。对停车场内的违法停车行为，及时进行劝阻和处理。

建立停车信息管理系统：建设全市统一的路外停车信息管理平台，实现对停车场信息的实时采集、传输和共享。停车场运营管理单位应将停车位数量、使用情况等信息接入平台，方便市民查询和预订停车位。同时，通过停车诱导系统，引导车辆快速找到空闲停车位，提高停车效率。

（3）执法管理

加强联合执法：交通管理部门联合城市管理、市场监管等部门，定期开展路外停车专项执法行动。对停车场内及周边道路的违法停车、违规收费等行为进行严厉查处，维护停车秩序和市场秩序。

科技执法应用：利用智能监控设备、电子警察等科技手段，对停车场周边道路的违法停车行为进行抓拍取证。通过非现场执法的方式，提高执法效率，扩大执法覆盖面。

建立信用管理机制：将停车场运营管理单位和停车人的违法违规行为纳入信用管理体系。对多次违法违规的停车场运营管理单位，采取限制经营、降低信用等级等措施；对违法停车的个人，依法进行处罚，并将其违法信息纳入个人信用记录，对信用不良的个人在相关领域实施联合惩戒。

（4）公众宣传与教育

加强宣传引导：通过电视、广播、报纸、网络等媒体，广泛宣传路外停车管理的相关政策、法规和文明停车知识。引导市民树立正确的停车观念，自觉遵守停车规定，文明停车。

开展交通安全教育：将停车安全知识纳入交通安全教育体系，通过学校教育、社区宣传等方式，增强公众的交通安全意识。教育市民在停车过程中注意观察周围环境，确保自身和他人的安全。

相关部门在选择需要设置路内停车的路段时，要根据道路条件与交通量状况，对路段能否设置路内停车带进行初步判断，确定路内停车的设置目标。泊位数量的设置应尽可能满足周边居民的停车需求，车辆停放对路段交通运行的干扰应最小化。

3. 停车诱导系统的要求

停车诱导系统通过给需要停车的车辆提供有关停车和交通方面的信息来达到改善动静态交通的目的。为达到此目的，停车诱导系统通过控制中心和安装了车载诱导装置的车辆，全面掌握城市路网的实时交通情况和停车场的车位利用情况，利用动态交通分配理论，按出行者的要求选择停车场和到达停车场的最佳行驶路径。

（三）步行交通管理

步行是人类最基本的交通手段，其他出行方式的始端和终端一般都伴随着步行，步行还是一种生活方式，具有休闲、锻炼、交往等功能。行人在年龄、身高、身体素质、视觉灵敏度、感知周围环境和反应时间方面有很大差异。步行交通的主要特点体现在以下四个方面。

1. 自主灵活与随意性

步行交通比较自由、随意，不像机动车辆那样需要列队按序行驶，只要有一条能通过一个人的道路，人们便能随便行走，不需要考虑顺序、让道，只要不撞到来来往往的行人和路边的东西就可以。这种方式有利于健康、比较随性，但是难以掌握行人的意图，所以不便管理。如果遇到不遵守基本道路交通规则的行人，则容易发生交通事故。

2. 高可达性

步行是最基本的交通方式，人们可以通过步行到达任何想去的地方，只是要花费很多的时间和精力。步行不像机动车和非机动车，不会遇到堵车、车辆出现意外等情况，人们只要克服时间、距离和体力等方面的问题，便可以到达目的地。

3. 高容量性

步行与其他交通方式相比更绿色、更健康，步行的道路在城市道路规划中占地面积最小。

4. 有限性

虽然说人们只要有毅力便可以通过步行到达任何想去的地方，但这还是限制在一定的距离之内。世界这么大，步行方式受许多主观和客观因素的制约，而且步行的速度在所有交通方式中是最慢的。

（四）公交优先通行管理

建立以发展公共交通为第一位的综合交通体系是发展城市公共交通的重点所在。在城市交通的发展过程中，最根本的是建立能和小汽车进行竞争的轨道交通，把人流量从小汽车中吸引到轨道交通中来。这对于减少机动车的尾气污染有重要的作用，同时也是交通需求管理的重要内容。

（五）交通组织优化

交通组织优化是指在有限的道路空间上，综合运用交通工程规划、交通限制和管理等措施，科学合理地分时、分路、分车种、分流向使用道路，使道路交通始终处于有序、高效的运行状态。

对道路交通进行不断优化并不是单一性的工作，而是有系统、有组织的综合性工作。交通在不断的发展中必然会带来交通流的改变，随之而来的是交通混乱，比例失调等问题也相继产生。交通组织优化工作可以具体分为三个部分，即区域交通、宏观交通和微观交通的组织优化，也可以划分为交通流的管制与诱导和道路通行时空资源的分配优化两种。后者的划分依据是组织优化的不同方式。

第二节　城市水上公共交通的运营管理

一、城市水上公共交通

城市水上公共交通同地面公共交通一样，可以分为水上巴士和水上旅游公交两种。水上巴士是临水城市的重要交通工具之一。当前，我国有很多的城市面临严重的交通问题，这一问题给水上巴士的流行带来了契机。水上巴士既能够作为交通工具，为城市的地面交通缓解一部分的压力，又具备一定的旅游、休闲等多元化服务功能。水上巴士的建立有利于我国众多临水城市发展具有城市特色的交通体系和旅游项目。到现在为止，在我国的许多大城市，如杭州、上海等都有相应的水上巴士，这对缓解城市交通拥堵、解决居民出行难题等起到了很大的促进作用。

二、城市水上公共交通的运营组织

（一）城市水上公共交通的客流分析

1. 客流构成

水上巴士的开通主要是为人们进行水上出行和观光活动提供交通服务。

（1）沿江、沿河的日常出行

该部分出行是指以上班、上学、回家、娱乐、购物等为目的的出行。该类型出行是水上巴士开行的主要目的，也将成为水上巴士出行的主要内容。

（2）观光出行

观光出行是指以观赏江河两岸风光为目的的出行。该部分客流不属于水上巴士的主体部分，但是在节假日时，该部分具有较大的客流量，水上巴士的运营必须考虑这一部分客流的出行需求。

2. 客流来源

（1）沿江、沿河的日常出行

沿江、沿河的日常出行是以上班、上学、回家、娱乐、购物等为目的，相比于观光出行，它的客流量更加稳定。

（2）观光出行

观光出行的客流量会受到景观、经济、人文心理、运载工具设计等因素的影响，变动较大。相关部门可以通过与转移客流的调查相结合的方式对这一部分的客流量进行分析。

3. 客流预测分析方法

客流预测分析是先对码头及其附近地域的公共交通客流人群进行全样交通量观测调查和抽样调查，再与城镇市民的外出特点进行结合并分析。

（二）城市水上公共交通的运营管理

城市水上公共交通采用陆路公共交通运营模式，这一模式有利于吸引出行者，也有利于市场的前期培育。具体做法包括制定时刻表、设定合理的价格和配备性能优异的船舶。

1. 合理地进行水上交通线路的规划

水上交通路线的规划不能过于随意，相关部门必须充分结合该城市的具体情况，根据人口分布、经济条件和规划发展要求来进行水上巴士的交通路线设置。水上巴士是客运公交服务的一部分，路线的设置必须以方便市民的出行为标准，可以将站点设置在出行量较大且交通拥堵问题较严重的地区，如城市生活区、学校和行政商务区等。

2. 水上巴士的调度

水上巴士的调度可采用常规公交的调度形式，现以广州水上巴士为例进行说明。

（1）发班间隔

在班次的设置上，高峰时期每隔20分钟要有一班次，整个航程大约45分钟。票价设定在1～2元，支付方式有投币支付和羊城通。船上安排5名船员，还配备了晕船药和救生衣等安全设备。

（2）调度形式有“快船”和“慢船”

第一班次在早上7点发船，最后一班次在晚上6点钟发船。在早上7点到早上9点，晚上4点到晚上6点的高峰时间段，每20分钟设置一个班次。在低峰时间段，班次间隔30分钟。水上巴士的船只类型为4艘旅游船和2艘快船。快船载客量为60名，行驶时间比旅游船快10分钟；旅游船的载客量更大，比快船多190名，全程耗时40分钟。快船的基础设施较好，也便于观光。船上安排5名船员，还配备了晕船药和救生衣等安全设备。

3. 与其他交通工具的无缝衔接

水上客运和其他方式的客运一方面是竞争关系，另一方面，它们之间的联合意义更加重大。因为水运到达港口之后，乘客或者货物只有通过其他的交通工具，才能进行下一步的运输。城市内的公交系统、航空港口和铁路等都能够给水运带来巨大的客流量与货运量。通过水路和陆路的联合运输，以及其他交通方式之间的联运订单协议等，水陆交通工具能够实现无缝衔接。

4. 提高水上巴士的服务质量

服务人员的服务质量、沿线旅游的环境和船舶的舒适程度都是水上巴士服务质量的重要组成部分。随着社会经济的发展，出行者要求更高的服务质量。水上巴士应该通过对老式、旧式的船舶进行改造，更新设备，对服务人员进行服务能力培训，为出行者提供更加优质的服务，使出行者感到满意。出行者的满意度能够极大地提升水上巴士的口碑，带来客运量的增长。

5. 完善水上交通信息系统

在水上巴士路线的搭建过程中，相关部门要结合各项旅游资源，充分考虑其他交通方式的时空特点。既要通过在各船务公司和各个港口之间建立密切、多向的交通信息系统，增强信息交流，还要加强与陆运、空运的合作，建立起联系紧密的信息共享网络。

第三节　城市轨道交通的运营组织

一、城市轨道交通的运输组织

（一）运输计划

运输计划是维护轨道交通系统运营的基础性工作，包括客流计划，全日行车计划，列车开行方案，车辆配备、运用与检修计划，日常运输调整计划，人员配备计划。为了充分发挥轨道交通系统运量大和服务有规律的特点，轨道交通系统的运输组织必须以客流计划作为基础，根据客流规律，合理编制运输计划，合理调度指挥列车运行，实现计划运输。

1. 客流计划

客流计划是指在一定时间内，城市轨道交通线路客流的规划，它是其他计划的基础和编制依据。新线路要通过客流量的预测来编制，而既有线路的编制可以参考调查统计资料。客流计划的主要内容包括发客流量，各站双向上、下车人数，全日分时段断面客流分布，全日高峰小时和低谷小时的断面客流量等。

在客流计划的编制过程中，高峰小时的断面客流可以通过高峰小时站间到发客流量来计算，也可以通过全日站间到发客流量来估算。相关部门可通过全日站间到发客流量计算出全日断面客流量，通过调查确定比例系数的取值，再根据高峰小时的断面客流量占全日断面客流量的比例估算高峰流量。

2. 全日行车计划

全日行车计划是指城市轨道交通系统在营业时间内各个小时开行的列车对数计划。

全日行车计划编制的依据包括以下四个方面。

第一，营运时间计划，即城市轨道交通系统的全日营运时间范围。营运时间是由城市居民的习惯、文化背景和出行特点决定的。

第二，全日分时最大断面客流量。

第三，列车定员数。列车定员数由车辆定员数和列车编组数决定。列车编组数由高峰时段的最大断面客流量决定，而车辆定员数则取决于车辆的尺寸、类型和车厢座位采用的布置方式等。

第四，设计实际满载率。满载率指实际载客量与设计载客量之比，它反映系统的服务水平。

3. 列车开行方案

列车的开行方案包含列车的交路方案、列车的编组方案和列车的停站方案，这三个方面构成了轨道交通运营组织的基础条件。在进行列车开行方案的选择时，相关部门要充分考虑旅客、货物的流量特点和经济性原则，一方面要提高运输效率，另一方面要为旅客提供高质量的服务。

（1）列车编组方案

①列车编组种类列车编组有三种方案，分别为大编组方案、小编组方案、大小编组方案。

大编组方案指的是列车编组辆数在一定的运用时间内是固定的，并且数量较多。比如，地铁列车所采用的是6辆或8辆的编组方案。

小编组方案指的是列车编组辆数在一定的运用时间内是固定的，并且数量较少。比如，地铁列车所采用的是3辆或4辆的编组方案。

大小编组方案指的是列车编组辆数在一定的运用时间内是不固定的。这分为两种情况：一种根据客流量的变动，在不同时间段采取不同的编组，在客流高峰时段使用较多的编组数。比如，地铁列车在一天内的不同时间段，采用3/6、4/6和4/8的编组方式。另一种是在全天运营时间内采用大小编组，如地铁列车的3/6、4/6编组。3/6编组相比于4/6编组而言，服务水平更高，维修周期更易统一，调整更灵活。

②影响列车编组方案比选的因素。为满足客流需求，轨道交通必须达到一定大小的地铁列车运能。小时列车运能既与小时内开行的列车数有关，也与列车编组辆数和车辆定员数有关。假设小时列车运能应达到18000人，在车辆选型一定时，列车编组与列车间隔成正比关系；在列车间隔一定时，列车编组与车辆定员成反比关系。由此可见，影响列车编组方案选用的主要因素是客流、运输能力和车辆选型。此外，在进行列车编制方案比选时，相关部门通常还应考虑工作人员的服务水平、车辆运行的经济性和运营组织的复杂性等影响因素。

（2）列车交路方案与停站方案

①列车交路方案有长交路、短交路、长短交路三种。

长交路，又称常规交路，即列车在线路的两个终点站间运行，到达线路终点站后折返。采用常规交路方案时，行车组织简单，乘客不用换乘，线路上不需要设置中间折返站。

短交路，又称衔接交路，是若干短交路的衔接组织，列车只在线路的某一区段内运行，在指定的中间站折返。采用衔接交路方案可提高断面客流较小区段的列车满载率，但跨区段出行的乘客需要换乘，线路上需要设置中间折返站。与采用混合交路方案相比，短交路列车在中间折返站是双向折返，增加了折返作业的复杂性。

长短交路，又称混合交路，即长短交路列车在线路的部分区段共线运行，长交路列车到达终点站后折返，短交路列车在指定的中间站单向折返。采用长短交路方案可提高长交路列车的满载率、加快短交路列车的周转速度，但部分乘坐长交路列车的乘客的候车时间会增加，且线路上需要设置中间折返站。

②影响列车交路方案比选的因素。相关部门在进行列车交路方案比选时，要注重客流的空间特点。除此之外，还要注意运营的经济性、运营组织的复杂性、为乘客提供的服务水平以及列车的运输能力、适应性等。当断面客流为阶梯形时，相关部门要选择短交路或者长短交路方案；当断面客流为凸形时，相关部门要选择长短交路方案；当断面客流比较均匀时，相关部门要选择长交路方案。

③影响列车停站方案比选的因素。在列车停站方案的选择上，使用非站站停车的方案对于减少列车运营的成本和降低车辆的运用频率十分有益，但也会造成旅客的乘车时间不对等。这是客流在空间上的不同分布导致的。同时，使用这一方案还会导致列车越行。因此，客流的空间分布状况，列车的越行，运营组织的复杂性、经济性以及为乘客提供服务的水准，都是对列车停站方案比选产生影响的重要方面。

使用非站站停车方案有可能导致列车越行，当后车通过越行超越前车时，通常进行列车运行间距的调整，以避免这一类情况的发生。但是，使用这一方法会使路线的通行能力降低，这对于客运或者货运流量较大的线路并不适合。因此，在采用非站站停车方案时，相关部门必须对列车运行的相关问题，包括运行站的设置和运行判定条件进行进一步分析。

4. 车辆配备、运用与检修计划

车辆配备计划是指为完成全线全日行车计划所需要的车辆保有量计划。车辆保有量计划包括运用车辆数、在修车辆数和备用车辆数三个部分。列车保有量是根据线路远期客流预测数据，测算远期运行行车间隔，得出所需运用列车数；备用列车数量是按照运用列车数量的10%取得；检修列车数量一般为运用列车数量的10%～15%。

（1）运用车辆数

运用车辆数是指为完成日常运输任务所必须配备的技术状态良好的可用车辆数量。

（2）在修车辆数

由于运营过程中车辆存在损耗，为了防止事故的发生，维修人员需要定期检修车辆。在修车辆则是指处于定期检修状态的车辆。车辆检修包含车辆检修级别和车辆检修周期。检修周期的确定需要考虑车辆设计的性能、各部件在正常情况下的使用寿命，以及车辆的运用指标和运用环境。

（3）备用车辆数

为了预防车辆故障，轨道交通系统需要有一定的备用车辆。在通常情况下，备用车辆数为运用车辆数的10%左右。对于投产不久的新线路，由于其车辆状态良好，如果客流量不大的话，轨道交通系统可以适当地减少备用车辆，以达到节约资金的目的。

5. 日常运输调整计划

作业延误、设备故障等原因会造成列车晚点，因此，相关部门需要根据列车运行的实际情况，按照恢复正点和行车安全兼顾的原则，对运输计划进行调整。

列车运行是运输生产活动的重要环节，在日常运输活动中，为了保证列车运行安全和按图行车，相关部门需要设置专门人员，调整运输计划。日常运输计划的调整主要有以下六种方法。

第一，始发站提前或推迟发出列车。

第二，根据车辆的技术状态、线路允许速度，组织列车提高速度，恢复正点。

第三，组织车站快速作业，压缩停站时间。

第四，组织列车放站运行。

第五，变更列车运行交路，具备条件时在中间站折返。

第六，停运部分车次的列车。

6. 人员配备计划

轨道交通公司主要包括运营部门、设备部门和辅助部门。其中，运营部门的人员配备对象主要是乘务员和站务工作人员；设备部门的人员配备对象主要是车辆设备检修工作人员，变电站、触网、轨道等维护人员；辅助部门的人员配备对象主要是从事信息、数据和研究工作的人员。

（二）列车运行图的编制

列车运行图集中体现了轨道交通的运行时间和线路，地铁和轻轨能正常运行也有赖于此，它把所有车次的列车都作了时间安排，规定了各次列车的停靠站点、停靠时间、出发时间、路段检修时间、等待会车时刻、人员休息时间等。列车运行图既把列车运行所涉及的要素都整合到一起，并让彼此之间相互配合，又保证了所有列车能够安全、高效、有序地运行。因此，列车运行图是列车运行不可或缺的根本条件。

1. 列车运行图的内涵

列车运行图是反映列车行驶状况的一种图解工具，多用坐标原理来体现。它能直观地显示出各次列车的位置与对应关系，还能直观地显示出列车在各区间运行和在各车站停车或通过的状态。列车运行图是列车运行组织的基础。

2. 列车运行图的组成

列车运行图由以下五个部分组成。

第一，横坐标。表示时间变量，按要求用一定的比例进行时间划分。城市轨道交通列车运行图一般采用1分格或2分格。

第二，纵坐标。表示距离分割，根据区间实际里程，采用规定的比例，经车站中心线所在位置进行距离定点。

第三，垂直线。它是一组平行的等分线，表示时间等分段。

第四，水平线。它是一组平行的不等分线，表示各车站中心线所在位置。

第五，斜线，即列车运行轨迹（路径）线，一般以上斜线表示上行列车，下斜线表示下行列车。

3. 列车运行图的类别

列车运行图可根据列车运行速度、上下行方向的列车数量、列车的运行方式等条件进行类别。

第一，按区间正线数目的分类标准，列车运行图可分为单线运行图和双线运行图。

第二，按列车运行速度的分类标准，列车运行图可分为平行运行图和非平行运行图。

第三，按上下行方向的列车数量的分类标准，列车运行图可分为成对运行图和不成对运行图。

第四，按照同方向列车运行方式的分类标准，列车运行图可分为连发运行图和追踪运行图。

第五，按照使用范围的分类标准，列车运行图可分为日常运行图、节假日运行图和其他特殊运行图（如春季运行图、夏季运行图、施工运行图等）。

城市轨道交通系统的列车运行图多为双线运行图、成对运行图、追踪运行图、平行运行图。

4. 列车运行图的编制要素

时间要素、数量要素、相关要素是城市轨道交通列车运行图编制的主要参考条件。

（1）时间要素

时间要素包括以下六个内容：第一，区间运行时分，指相邻车站之间的运行时分；第二，停站时分，指列车停站作业（包括减速，加速，开、关车门等）以及办理乘客上、下车所需时间的总和；第三，折返作业时分，指列车到达终点站或在区间站进行折返作业的时间总和；第四，出入段作业时分，即列车从车辆段停车库到达与其相接正线车站或折返的作业时间；第五，运营时间，即列车全日正常运送乘客的时间；第六，停送电时间，指在运营开始前和运营结束后的停电、送电所需要确认的操作时间。

（2）数量要素

数量要素是编制列车运行图的主要依据，影响运行图编制的数量要素分别为：第一，全日分时段客流分布，即根据客流的高峰、低谷而确定的影响列车的编组、运行列数等；第二，列车满载率，即列车实际载客量与列车定员人数之比，编制运行图既要保证满载率又要留有一定的余地，以应对客流异动，还要考虑乘客乘车的舒适性；第三，列车最大载客量，分为定员载客量和超员载客量；第四，列车入库能力，指每个时段通过出入库线路的最大列车数。

（3）相关要素

相关要素包括与其他交通方式（港口、机场、公交枢纽等）的衔接；与大型体育场所，娱乐、商业中心的衔接；列车检修作业；列车试车作业；司机作息时间安排；车站的存车能力；电动列车的能耗等。

5. 列车运行图的编制步骤

（1）人工编制

人工编制的步骤分别为：第一，确定全日列车开行对数；第二，确定运行图编制原则和具体要求；第三，按列车运行图组成要素，收集资料并计算、查定各要素的数值；第四，编制列车运行方案图；第五，计算所需的运用列车数；第六，征求有关部门的意见；第七，修改运行方案；第八，根据方案绘制详细的列车运行图；第九，编写运行图说明书。

（2）计算机编制

工作人员将运行图编制要素的数据输入计算机，由计算机编制出列车运行图，通过人机对话进行修改。这种功能可以由工作人员预先编制软件来实现。ATC系统的自动编制运行图，可以由传统的坐标图解形式表示，也可采用时间序列表示。

运行图编制完成后，客运部门应编制列车运行时刻表，向乘客公布；车辆部门则应编制列车驾驶员专用的运行图。列车运行图反映了行车组织工作的水平。

二、城市轨道交通的行车调度

为了确保列车安全行驶，准点到达，一旦发生紧急情况能够马上处理，城市交通系统会在列车上安排列车调度员等多个特殊岗位。他们的存在使轨道交通安全运行，使列车平稳行驶、安全到站。

（一）运行调度工作的基本任务

运行调度工作的基本任务主要有以下七项。

第一，组织指挥各部门、各工种严格按照列车运行图工作。

第二，监视列车到达、出发和途中的运行情况，保证列车运行的正常秩序。

第三，在运行秩序因故不正常时，采取措施，尽快恢复正常秩序。

第四，及时、准确处理行车异常情况，防止行车事故。

第五，随时掌握客流情况，及时调整列车运行方案。

第六，检查监督行车部门执行运行图情况，发布调度命令。

第七，当区间与车站发生行车事故时，按运行组织工作规定的程序和内容汇报给上级主管部门，并采取措施防止事故扩大，参与组织救援工作。

地铁或轻轨在双向运行时，一般是沿右侧单方向运行，列车运行应该按区间间隔行驶。工作人员即使掌握了行车闭塞、列车运行与行车交路等运行方法，也没有办法完全解决列车运行中存在的所有问题。造成这种情况的原因是列车运行的状态是时刻发生改变的，如旅客数量的变化、列车计划的变动、列车晚点、遭受强对流天气等。针对这些突发情况，相关部门应该采取应对措施并及时调整运行图。当车站或线段发生紧急情况时，要迅速启动应急预案，及时抢救受伤人员，防止事故恶化，要视实际情况果断进行处理，及时采取补救措施，确保列车按图有序行驶。这一任务主要由行车调度员完成。

为统一指挥日常运输生产工作，地铁或轻轨的行车工作必须坚持高度集中、逐级负责的原则。行车调度员统一指挥；车辆段由运转值班员统一指挥；列车由列车驾驶员负责指挥；列车到站后，行车值班员应该安排所有的乘务工作员展开工作。行车工作有严格的分工制度，每一个级别、每一个岗位都有其不同的分工，而且必须坚决执行上级交代的任务。还有一点值得注意，地铁或轻轨在行车过程中由区域行车调度员管理，一旦进入车站又转为车站值班员管理，由车站值班员指挥。

（二）运行调度工作的主要设施

随着城市轨道交通运行控制系统的设备逐步向自动化、远程化、计算机化的方向发展，列车运行调度设备也从人工电话调度指挥方式，向电子调度集中控制设备和计算机调度集中控制设备发展。

1. 人工调度指挥系统

第一，调度所设备，包括调度电话总机、传输线。

第二，车站设备，包括调度电话分机、传输线。

第三，车上设备，包括无线调度电话。

调度员通过调度电话与车站值班员直接对话，车站值班员安排列车进路，了解列车到达、出发信息，下达列车运行调整调度命令。车站值班员调度电话分机，呼叫列车驾驶室的无线调度电话，传达调度命令，调度员绘制实际运行图。

2. 电子调度集中设备

第一，调度所设备，包括调度集中总机、运行显示屏、运行图绘制仪、传输线等。

第二，车站设备，包括调度集中分机、传输线等。

第三，车上设备，包括无线调度电话。

电子调度集中设备实现了运行调度指挥的遥信和遥控两大程控功能（欠缺遥测这项基础功能）。此时，调度员直接安排列车进路，直接指挥列车运行调整，并通过显示屏监督列车运行情况。在必要的时候，列车运行进路排列工作可下放至车站，由值班员执行。

3. 计算机控制的自动调度设备 CATS

计算机控制的自动调度设备（Computer Automatic Train Supervisim，CATS），即ATC系统中央控制室（OCC）中的调度指挥系统，其主要功能如下。

第一，具有列车运行显示和人工控制功能。

第二，能发出控制需求信息，并从线路轨道和信号设备中接收信息。

第三，能由OCC自动或由调度员人工将调度信息传送到车站设备（如停车时间、运行等级等）。

第四，实现列车的动态显示，如列车位置、到站出发时分、车次车号等。

第五，储存多套列车运行图，如正常运行图、节假日运行图、施工运行图、事故调整运行图等。

第六，按当前正在使用的列车运行图调整列车运行。

第七，监视列车运行、调整列车发车时间、控制列车停站时分、控制终点站列车进路。

第八，非正常情况报警。

第九，生成与修正运行报告、记录运行数据信息、提供实时记录的重放，包括运行图、统计指标等。

三、城市轨道交通的客运组织

由于城市轨道交通按照不同时间客流量的大小具有高峰期和低谷期的不平衡，并且不断适应城市产业布局的优化和居民出行方式的变化，相关部门需要有计划性地对客流进行组织管理，不断提高客运管理质效。

（一）客流组织

轨道交通的大规模客运量建立在对客流进行合理组织的基础上。对客流的合理组织表现为妥善布置相关硬件设施，对客流进行合理疏导，完成客流输送的目标。轨道交通控制中心负责轨道交通线路的客流组织工作，车站的客流组织由站长／值班站长负责。

对客流的组织管理不仅表现在合理安排车站售票位置和检票位置的距离与数量、妥善安置车站和广播导向、强化布置车站自动扶梯、优化配置隔离栏杆等方面，还表现在工作人员配置到位、应急预案制定完善等方面。轨道交通客流组织的原则是在确保客流安全与顺畅的前提下，把乘客和货物送达目的地，同时防范客流拥堵，及时采取疏通措施。不管是何种形式的车站（高架、地下、地面），进站乘客最基本的流线是购票—经过检票机—通过楼梯上站台—乘车。出站乘客则相反。在大客流的情况下，车站通过合理安排人员，做好乘客的疏导、宣传工作，对车站人流进行控制。人流控制应遵循由内至外、由下至上的原则，对车站出入口、入闸机进行人流的两级控制。侧式站台的车站相对于岛式站台的车站，更容易将不同方向的客流分开，但不利于乘客的换乘，售票、检票设置较分散，不利于车站管理。

所以，客流的组织管理应遵循以下六项原则：第一，优化配置售票位置和检票位置，由于客流出入口、楼梯等地相对固定，轨道交通系统要确保客流各行其道，避免造成拥堵；第二，让乘客进行车辆换乘时快速便捷；第三，建立健全诱导机制，适当导引分流，使客流能按次序乘车；第四，均匀布置站台范围内公共区的楼梯与扶梯；第五，满足换乘客流的方便性、安全性和舒适性等基本要求；第六，客流流量控制，相关部门可以通过对客流出入口进行控制等方法，加强站区客流的流量控制。

（二）车站客运技术设备

1. 乘客导向系统

乘客导向系统由设置在车站外、出入口、通道、站厅、站台和车辆等处，包括图形、文字、符号和数字在内的各种静态导向标志，以及实时发布的视觉和听觉导向信息组成。具体可分为静态导向标志和动态导向信息，动态导向信息实时发布的导向信息，是静态导向标志的补充。

2. 售检票设备

售检票设备指为乘客提供售票和检票服务的相关设备。目前，国内轨道交通线路均采用自动售检票系统。

3. 站台

站台供列车依靠和乘客候车、上下车使用。站台按形式不同，可分为岛式站台，侧式站台和岛、侧混合式站台。

4. 站台屏蔽门

站台屏蔽门是安装在站台边缘，将站台区域与列车运行区域隔开的设备。站台屏蔽门系统由门体结构、门机驱动系统和控制系统组成，具有降低空调能耗、保证候车安全、提高环境舒适度等功能。

5. 升降设备

车站升降设备主要有楼梯、自动扶梯和垂直电梯等，为乘客提供快速、舒适的升降服务。为降低运输成本，出入口的升降设备通常采用步行楼梯；站厅、站台间的升降设备通常采用上行自动扶梯、下行步行楼梯；垂直电梯主要是为行动不便的乘客服务。

6. 其他设备

车站的其他客运设备还有广播设备、照明设备、通风设备和空调设备等。

（三）车站客运作业

1. 客运作业的基本要求

车站客运作业包括售票作业、检票作业和站台服务等。车站是轨道交通对乘客服务的窗口，车站客运作业直接面对乘客，客运作业的质量既反映了轨道交通的服务水平，也反映了轨道交通的运营管理水平，关系到市民对轨道交通的满意度。车站作业的基本要求主要有六个方面。

（1）站容整洁

车站内外门窗应完整、明净；设备应整齐摆放；站台、候车厅、人行通道、进口和出口的四周墙壁应干净，地面应整洁，没有痰迹和垃圾；厕所应定期清理，保持卫生。

（2）导向标志完善齐全

车站出入口应有站台标记，车站内应有到达出入口、检票口、站台、售票处等处的导向标志。

（3）服务优质

工作人员接待乘客时要注意使用文明用语，讲礼貌，对待乘客要热心，解决事情要耐心，接受建议要虚心，工作要细心，自觉遵守爱岗敬业的职业道德准则。

（4）遵章守纪

工作人员必须严格按照客运规定要求自己，服从指挥、团结协作，工作时间着制式工装，保持仪容整洁。

（5）掌握客流规律

车站客运部门要经常进行客流调查与分析，积累客流资料，掌握不同时期、季节、时间和性质的客流变化规律，对可能出现的大客流应有一定的预见性。

（6）搞好联防协作

客运作业人员应随时与车站值班员、列车驾驶员、公安人员等有关工种作业人员加强联系，密切配合，协同工作，确保列车与乘客安全。

2. 客运服务流程

轨道交通将乘客从出发站输送到目的站，为他们提供安全、便利、舒适和快捷的乘车、候车的环境。运营企业必须在每一个环节为乘客提供优质的服务，使每一位乘客在从购票乘车到下车出站的全过程中感到满意。

（1）引导乘客进站

为了使乘客进站后顺利找到乘坐的车辆，工作人员需要在地铁进出口放置显眼的指示牌。

（2）问询服务

车站要设立专人负责接受乘客问询，也可以设置自助设备，为乘客提供咨询服务。目前，地铁车站均提供自助式服务，一些城市已经采用了自助售票机，实现了售票和部分问询功能的一体化。

（3）售检票服务

目前，轨道交通的售票服务是以自助发售为主，以人工发售为辅，这提高了服务效率和水平。

（4）组织乘降

站台应设有明显的候车安全线，提示乘客在列车进站停稳、车门完全打开之前，不要越过安全线，以防发生意外事件。目前，轨道交通基本采用屏蔽门技术，保障了乘客的候车安全，而且车站设有广播室，随时播报每天的车次和时间表，方便乘客选择列车班次。

（5）出站验票

乘客到达目的站后，持票卡验票出站，车站应有各类导向标志，引导乘客从所需要的出入口出站。同时，车站还可利用自动售检票系统，提供票卡分析服务。

3. 站台服务作业

站台服务作业的主要内容是接送列车、组织乘降和站台管理。

（1）接送列车

在接送列车时，工作人员应精神饱满、思想集中，站在指定位置，面向列车，目送目迎，注意列车运行状态。遇有危及行车安全和乘客安全的险情，工作人员应立即采取有效措施，并及时向车站值班员报告。在列车到达过程中，工作人员要提醒乘客在安全线内候车和上车时的注意事项，维持站台上的候车秩序。

（2）组织乘降

列车到达前，工作人员应组织乘客尽可能在站台上均匀分布候车，以缩短列车停站时间。列车到达后，工作人员应提醒乘客先下后上。

（3）站台管理

工作人员应加强站台巡视，防止乘客跳下站台或进入隧道。工作人员应注意候车乘客的动态及其携带的物品，发现异常、可疑情况，或闲杂人员在站台上长时间停留，应及时与有关人员取得联系，进行处理。站台工作人员应与列车驾驶员密切配合，防止车门夹人、夹物，或列车在车门未关闭时起动等现象，保证乘客安全。发生伤亡事故，工作人员应保护现场，疏导乘客，做好取证工作，并协助清理现场。

4. 车站客流组织

车站作为轨道交通客流的重要枢纽，主要包括进出口和通道、候车厅、候车站台、管理员办公室等。车站按照功能不同，可以划分为付费区域、免费区域和设施管理房屋。乘客的活动区域主要是付费区和免费区，乘客在这两个区域活动需要穿过由栅栏组成的通道。

（1）地铁车站的候车环境

地铁站候车厅主要包括进出口、通道、检票厅、候车站台。

①地面出入口及通道。车站按照乘客出入车站的方向不同和流量大小，设

置进出口的位置和通道的个数、大小、间距。客流的方向不同是车站出入口和通道设置首先要考虑的问题，从长远发展来看，车站需要留出应急通道和进出口，到必要时开通使用。为了防范消防事故，保证客流安全，进出口通道应至少开通两个。

②站厅。地下一层一般作为站厅，其作用是分流乘客，进行售票和检票服务，安排管理用房和设备用房。主站厅由付费区和免费区组成，中间会用栅栏隔开，站厅主要用来存放设备，包括指示牌和自动售票设备、自动检票设备。站厅容纳乘客的数量用容纳率来计算，即每平方米站厅安全容纳的乘客量。按照广州地铁客流的组织管理情况，站厅容纳率维持在2～4人/m^2。

③站台。地下二层一般作为站台，为列车停驶、乘客上下车提供场地，主要包括站台、电线和电梯设备等。站台能安全容纳乘客的数量用容纳率来计算，即每平方米站台安全容纳乘客的数量。按照广州地铁客流的管理情况，站台容纳率维持在2～4人/m^2。

另外，为了保证乘客进出站顺畅不拥挤，提高客流量，减少乘客等待时间，车站要妥善设置自动扶梯和检票设备，以及检票亭子的位置和规模。工作人员要依据客流组织管理的要求，因地制宜，依据不同的车站形式，确定站台的客流组织方法。

（2）换乘站的换乘方式

换乘车站通常具有客流量大、乘客流动复杂、组织管理困难等特点。换乘车站对客流的组织管理需要因地制宜，采用恰当的方式，减少乘客逗留时间，保证客流顺畅，方便乘客出行。

①站台直接换乘。两条平行线路交叉形成环岛式车站，环岛式车站需要有相对较宽的换乘楼梯或自动扶梯，保证换乘高峰期的乘客流通顺畅，避免客流拥堵现象。

②站厅换乘。乘客在换乘车辆时，需要走楼梯或乘坐自动扶梯，从一个车站的站台，经过其他车站的站厅或两个站台合用的站厅，到达另外的站台。这时，乘客应按出站顺序流动，避免进出交叉，以提高客流速度。

③通道换乘。不同车站应修建独立的换乘道路，方便乘客换乘。这种设计方式要确保对乘客进行合理组织管理，及时疏导客流，防范换乘乘客与来往客流拥堵通道。

④组合式换乘。根据站台设置管理的不同，工作人员要合理选择对应的客流组织方法，积极做好引导工作，保障客流顺畅。

第四节　城市交通的智能化管理

一、智能交通系统的概念

智能交通系统（Intelligent Transport System，ITS）是将先进的信息技术、通信技术、计算机技术、传感技术、电子控制技术和系统集成技术等有效地运用于整个交通运输管理体系，而建立起的一种在大范围内、全方位发挥作用的，实时、准确、高效、综合的运输和管理系统。

智能交通系统可以使人、车、路密切地配合、和谐地统一，极大地提高交通运输效率，保障交通安全，改善环境质量，提高能源利用率。

二、智能交通系统的构成

智能交通系统由先进的交通管理系统、先进的出行者信息系统、先进的公共交通系统、先进的车辆控制和安全系统、商用车辆运营系统、自动公路系统构成。

（一）先进的交通管理系统

先进的交通管理系统（Advanced Traffic Management Systems，ATMS）主要是指先进的监测、控制、信息处理和信息提供系统。该系统具有向交通管理部门和驾驶员提供对道路交通流进行实时疏导、控制与对突发事件进行应急反应的功能。它包括城市集成交通控制系统、高速公路管理系统、应急管理系统、公共交通优先系统、不停车自动收费系统、交通公害减轻系统和需求管理系统等。

（二）先进的出行者信息系统

先进的出行者信息系统（Advanced Traveler Information Systems，ATIS）为出行者提供准确实时的地铁、轻轨和公共汽车等公共交通的服务信息。系统的核心是通过电子出行指南收集各种公共交通设施的静态和动态服务信息，并向出行者提供当前的公共交通和道路状况等信息，以帮助出行者选择出行方式、出行时间和出行路线。该系统又分为出行前的信息系统和出行途中的信息系统。

（三）先进的公共交通系统

先进的公共交通系统（Advanced Public Transportation Systems，APTS）包括公共车辆定位系统、客运量自动检测系统、行驶信息服务系统、自动调度系统和电子车票系统等。

（四）先进的车辆控制和安全系统

先进的车辆控制和安全系统（Advanced Vehicle Control&Safety Systems，AVCSS）主要是指智能汽车的研制，包括事故规避系统和监测调控系统等。智能汽车具有道路障碍自动识别、自动报警、自动转向、自动制动、自动保持安全车距、车速和巡航控制等功能。

（五）商用车辆运营系统

商用车辆运营系统（Commercial Vehicle Operation，CVO）是专为运输企业（主要是经营大型货运卡车和远程客运汽车的企业）提高盈利水平而开发的智能型运营管理技术，其目的在于提高商业车辆的运营效率和安全性。

（六）自动公路系统

自动公路系统（Automated Highway Systems，AHS）也称汽车自动驾驶系统，由路面设施和车辆上的特殊装备组成。路面设施是在车道中心按一定间距埋设的磁铁，车载装置包括磁传感器、障碍物检测雷达、车道白线识别装置、电子导向仪、电子自控油门、电子刹车装置等。

三、公共交通系统的智慧发展

（一）先进的公共交通系统的概念与基本思路

1. 概念

先进的公共交通系统（APTS）就是在公交网络分配、公交调度等关键基础理论研究的前提下，利用系统工程的理论方法，将现代通信、信息、电子、控制、计算机、GPS和GIS等高新科技集成于公共交通系统，并通过建立公共交通智能化调度系统、公共交通信息服务系统、公共交通电子收费系统等，实现公共交通调度运营、管理的信息化、现代化和智能化，为出行者提供更加安全、舒适、便捷的公共交通服务。APTS主要采用各种智能技术，促进公共运输业的发展，使公共交通系统实现安全、便捷、经济、运量大的目标。

2. 基本思路

APTS的基本思路是通过公共交通领域的智能化、信息化，一方面为乘客（潜在乘客）提供适应于各种场合的、完善的、及时的信息服务，使公交车辆的运行准点率提高，同时让乘客有效利用候车时间，提高公共交通出行的方便性；另一方面，运营者通过对乘客动态的实时监控、动态调度，优化运营管理，并加强运营者之间、行业之间的运行管理交流。

（二）先进的公共交通系统的服务功能

先进的公共交通系统可以实现如下功能。

第一，运用车载数据采集技术，实现对运营车辆的监视。

第二，线路网规划与时刻表管理。

第三，车辆维修计划编制。

第四，车辆维护运营安全。

第五，司售人员配班安排。

第六，车载收费管理。

第七，乘客信息服务。

（三）先进的公共交通系统的关键技术

1. 自动车辆定位（Automatic Vehicle Location，AVL）

第一，先进的公共交通系统使用了双向无线信息信号杆。先进的公共交通系统通过信号杆和里程表来定位，信号以5分钟为间隔布置；车上装有无线双向通信设备和驾驶员信息使用设备，其一是把车辆位置传给控制中心，其二是在中心和系统中的公共汽车之间进行信息交换。

第二，先进的公共交通系统使用了GPS技术。

2. 车载设备

车载设备可实现定位、车载外围设备的控制和交通灯控制等，车辆可实现自主操作。

先进的公共交通系统通过车载设备，可实现如下功能：计划与实际数据比较、根据计划数据保证车辆的连续性、显示落后与超前的时间、出发时间的可视化、语音通信、车站的乘客信息系统控制。中心站对车队进行管理，可在电子地图上显示车辆，调整车距，保证车辆连续性，可选择语音通信，监视报警，控制动态乘客信息系统，统计数据等。

3. 电子站牌

电子站牌可以向乘客提供实时信息。电子站牌显示的信息来源于公交运营控制中心。为降低电子站牌成本，提高其可用性和可靠性，电子站牌设备要尽量简化；站牌造型要简洁、美观、实用，便于安装维护。

4. 手机 App

随着智能手机的普及，乘客可以在智能手机上安装公交App，通过手机App进行实时公交查询，如公交线路的首末班车时间、途经站点信息，以及实时在线车辆的行驶位置和预计到站时间等。

四、城市交通的智能化构想与发展战略选择

（一）智能交通系统建设的主要技术要求

城市智能交通发展除了必需的管理思路和管理办法外，还需要有坚实的技术支持和硬件支持，智能交通系统建设的主要技术要求包括五个方面。

1.SCATS 交通信号控制系统要求

为了使路网中的交通分布更加均衡，设计人员在设计路口交通工程时要注

意系统化，在路口的渠化、交通标志和交通信号的分配上注重规范化。标准、稳定、功能灵活的交通控制系统和设备能够使不同的交通控制需求得到满足。这一系统采集现场的交通数据，之后对数据进行处理、保存。这一过程可以连续进行，得到准确的数据。它的运用十分广泛，不但可以控制交通状况，还为交通指挥调度乃至城市的交通规划提供数据依据。实施优化交通控制，能够提高道路通行能力，使交通拥挤的状况得到改善，同时也能减少交通事故和交通工具造成的空气污染。

2. 交通监视系统要求

设计人员在设计数字监控系统和模拟监控系统时，需要考虑其兼容性，不能与已经完成的系统产生冲突。

3. 交通违法监测系统要求

交通违法监测系统发展出许多应用，其系统中心设置在交警支队，其各级应用能够满足一线工作的实际需要。

4. 交通诱导系统要求

建设交通诱导系统，即采集交通信息，在对信息进行分析处理之后，通过交通诱导屏和其他各类途径发布交通诱导信息，是贯彻交通管理服务意识的要求，能为交通参与者提供便利。其建设的具体内容包括行程时间监测、视频监测和情报板发布等数个系统。

5. 光纤通信网络要求

相关部门应新建光纤点，改造已有光纤点，将路段上所有的智能交通设施视距离长短，通过线缆、自敷光纤汇聚到邻近光纤点，通过复用光端机，使用一根光纤传输至交警中心机房。路口光端机须充分考虑系统的可靠性、扩展性与开放性，考虑信号系统、监视系统、违法监测系统、交通诱导系统在信息传输时的兼容性。

（二）智能交通系统的系统构建

智能交通系统在世界范围内取得了广泛的运用。其中，日本的智能系统发展得最为成熟，所使用的VICS系统相当完备。除此之外，欧美地区的智能系统使用也较为普遍。智能交通系统在北京、上海等城市也大规模地投入了应用。这一系统由七个子系统组成，是一个复杂的综合性系统。

1. 先进的城市交通信息服务系统

城市交通信息服务系统的建立依赖完善的信息网络。信息网络的建立主要有三个步骤。

第一，在车辆、道路、换乘站以及城市场站、气象中心等地安装传感器和传输设备，由此获得实时交通信息，传输给信息中心。

第二，信息中心对这些信息进行处理，据此得出城市交通信息、道路信息、换乘信息、停车场信息和气象信息等各种信息，再反馈给出行者。

第三，出行者根据所得到的信息来制订合适的出行计划。如果在一辆车上装上自动定位和导航系统，那么这一系统便能够为驾驶员在优化行车线路时提供帮助。

2. 先进的交通管理系统

交通管理系统虽然也使用交通信息服务系统所采集处理的信息，但是其与信息服务系统最主要的区别在于该系统的用户是城市交通管理者而不是参与者。管理者通过该系统监测和控制道路交通情况，提供道路、车辆和驾驶员之间的通信联系。交通管理系统还具有实时监控的功能。它收集交通状况、气象状况和交通环境的信息，通过车辆检测技术和计算机信息处理技术，取得所需信息，再根据这些信息来进行交通控制，如信号灯的调节、诱导信息的发布、道路的管制乃至交通事故的处理和救援。

3. 先进的公共交通系统（APTS）

公共交通系统针对公共运输业的发展，运用各种智能技术手段。比如，公共交通系统使用个人计算机、闭路电视等，为市民提供出行方式、出行路线和车次的咨询服务；通过公交车站的显示器，为候车者提供车辆运行信息；公交车管理中心根据车辆的实时状况，安排发车与收车方式等。这使城市公共交通系统更为安全、经济、快捷。

4. 先进的车辆控制系统（AVCS）

车辆控制系统的目标对象是车辆驾驶员。车辆控制系统为驾驶员提供帮助，使其更好地控制车辆。比如，车辆控制系统发展避开障碍物的自动驾驶技术，使车辆驾驶更加安全有效。

5. 城市货运管理系统

这一智能化的物理管理系统运用高速道路网和信息管理系统，立足于物流理论，综合利用卫星定位和地理信息系统，通过网络技术实现货物运输效率的提高。

6. 电子收费系统（ETC）

使用电子收费系统收取过路、过桥费，是当今世界最为先进的路桥收费方式。安装在车辆挡风玻璃上的车载器与安装在收费站车道上的微波天线可以进行短程通信，再经由计算机网络，在银行进行后台结算，所得费用在经过处理后划归给相关部门。这样，车辆在经过道路收费站时，不需停车就可以完成缴费，车道通行能力提高了3～5倍。

7. 紧急救援系统（EMS）

紧急救援系统的运作需要以ATIS和ATMS系统为基础，其连接了交通控制中心与救援机构，从而为车辆事故现场的紧急处理，包括现场救助和排除事故车辆等工作提供援助。

（三）智能交通系统的发展战略

社会经济与交通运输之间有着不可分割的联系。从系统的组成结构来看，社会经济是交通运输发展的外部环境，而交通运输则是社会经济的重要组成部分，两者相互依存；而从两者之间的相互影响来看，交通运输的便捷与否会对社会经济的发展产生促进或者制约作用，而社会经济发展的水平又在一定程度上决定了交通运输的发展状况。而且，城市交通的发展与城市的发展也有着互为促进、互为影响的密切关系。

我们应当积极学习先进技术，了解最新的发展动向和前沿科技，走开放式的发展道路，避免重复过去的失败教训，从而开发出高水平的、有特色的智能交通产品，在较高的起点上实现我国智能交通系统，特别是城市智能交通系统的快速、健康发展。

第八章　智慧城市发展

第一节　智慧城管

一、智慧城管运行机制的创新趋势

（一）智慧城管运行机制创新的前提和保障

1. 智慧城管数据应用需要完善的网络基础设施

智慧城管一方面可以通过智慧城市的发展东风，将现有的技术先进、功能齐全、结构完备、运行高效的基础设施纳入麾下；另一方面需要提升网络设备的标准性、兼容性、安全性和开放性。

首先，要推进基础网络建设，如下一代宽带互联网，统一的城市物联网、家庭物联网等。

其次，要推进应用支撑平台建设。大数据的出现必然带动处理大数据的技术革新，享誉全球的新技术有谷歌的MapReduce和开源Hadoop，这些技术扩大了数据的存储容量，加快了处理和展示数据的速度。政府应充分发挥云平台建设商和云服务提供商的作用，形成公共云、私有云和混合云等模式，开拓并强化电子政务云、公共服务云、信息安全云、应急指挥云等智慧云及其他基础设施。

最后，要推进大数据平台和公共数据库建设，构建智慧城市大数据平台和应用基础数据平台，统一数据的存储和使用。

2. 智慧城管数据应用需要推行数据开放共享

大数据将完全摆脱整齐排列的方式，用更加多样化、逻辑化的方式来体现数据间的关联性，消除固定的层次结构。我们需要从一切事物中获取信息，甚至从很多我们从前认为不能用于城市管理的技术手段中获取信息。由于我们没办法运用传统的精准采样的方式进行数据的及时获取，所以运用新技术进行数据的及时获取至关重要。比如，智慧城管在应急保障时，只要通过物联网感应到高发的或正在发生的紧急情况，就立马启动应急预警，比采集员现场采集拍摄更为有效。

智慧城管拥有大体量的数据。从宏观上来看，数据的公开共享已成为治理体系和治理能力现代化的前置条件，它也是推进服务型、现代化政府的题中之义和内在要求；从微观上来说，数据公开共享可以使政府获得公众的信任，有助于政府按要求履行自己的工作职能和承诺。城市管理部门应使用大数据挖掘来促进智慧城管主体多元化，借助大数据共享来实现智慧城管处置协同化，依靠大数据分析来实现智慧城管决策科学化。智慧城管引发政府治理范式转变的新风潮，由此提升政府治理的科学性，推动政府治理模式由单一型向多元共治转型升级。

3. 智慧城管数据应用需要扩充数据展示平台

大数据发挥其作用的关键在于用算法预测未来某件事情发生的概率：某时间某地点出现无证摊贩的可能性、某块绿地在某个季节损坏枯萎的可能性、一个城市部件被损坏的频率。预测功能和个性化技术相关，它是大数据时代最重要的技术，可以应用到城市治理和社会治理的方方面面。

智慧城管的数据挖掘功能强不强，在很大程度上影响着政府分析城市管理的深度和广度，智慧城管有资源有能力发掘城市的内在规律和运行特点，并提出有针对性的治理政策。智慧城管的智能管控与综合智慧主要围绕数据资源整合、统一通信、集中利用、信息传播等方面，以满足城市管理的日常保障和需要。

（二）智慧城管运行机制在行业监管应用拓展上的展望

行业监管需要掌握一手的数据，智慧城管就是要打破不同专业的数据壁垒，从监管人员巡查变更为信息交流共享。

一是智慧城管要注重政府、公民、企业之间的互动，为用户提供综合的协同服务。在主动提供个性化、实用化的服务内容的同时，政府从服务对象处就监督、评价、改进、优化等方面获得反馈。

二是智慧城管要有条件地向社会逐渐开放数据资源，向高校、企业、机构和应用开发单位适度提供信息资源，扶持业界领先的企业一同参与智慧城管应用的研发。

三是智慧城管要建立公共危机管理信息系统，更深入地进行数据挖掘。机器自动获取并动态监测公共危机的发生概率，像天气预报一样报送预警、发布响应，便于政府和社会有更宽裕的时间进行应对，有更充分的准备调取物资，有更缜密的逻辑思考决策。公众可以通过App、网站、微信公众号、短信等，随时随地获取和浏览预警信息。

四是智慧城管要不断更新数据库并淘汰无用信息。数据保存到一定年份，不仅对现有的决策分析用处不大，更会影响决策的准确性。所以，智慧城管要定期封存数据，为常用的数据库注入新鲜信息。

（三）智慧城管运行机制在精准公共服务上的展望

智慧城管为公共决策提供数据支持。在复杂的经济和社会环境中，社会组织依靠智慧城管快速、真实、多样、规模化的数据资源进行感知分析和预测预判，利用大数据带动公共利益决策过程的透明公开、决策结论的科学有效。

智慧城管要用大数据探索替代经验或直觉来作出公共决策。智慧城管可以利用大数据，进行个性化排序和个性化推荐，让公共服务体系更科学、公共服务供给更精细、公共服务监管更有效。智慧城管还勇于在环境保护、公共安全、市政公用等领域的精准化公共服务上进行创新。

与以往的公共决策相比，智慧城管要提供更加个性化、自主化、智能化、透明化和精准化的决策。决策分析模式、组织模式和行动模式也趋向于智慧化。这里产生的智慧决策基于大数据和新一代信息技术，旨在将公共利益最大化，它具有全过程、持续实施、自主预置和多元共治的特点。

二、智慧城管运行机制的创新要点

（一）树立服务的治理理念

大数据时代需要城市治理者打造开放式政府，智慧城管的共享发展治理理念是开放式政府的良好体现。共享是与创新、协调、绿色、开放整合在一起的第五发展理念。政府行使职能但并非决定社会治理的方方面面，而是让每个人处于平等地位。政府要以“人人参与、人人尽力、人人享有”为宗旨，把共享发展的理念落实到智慧城管的路径上去。

智慧城管要为政府输出服务为民的理念。智慧城管的运行离不开公共服务这一宗旨，智慧城管的未来发展更是少不了现代化服务理念，政府要鼓励支持多种社会主体参与城市管理，共同推进社会治理。政府发挥的作用不仅在于自身工作活动的能量，更在于其引导不同社会团体的参与、规范公民的活动，用公众的力量最大限度地换取公共利益。政府在必要时以合法的强制约束力来推动社会资源的流动，盘活社区网络体系，挖掘公共服务的内涵和外延，将其整合成行之有效的互动治理机制。

（二）建立科学的行政架构

智慧城管要从大处着眼，进行顶层设计。一是智慧城管要重视制度建设，建立和完善相应的法律法规，制定统一的规范和标准。二是智慧城管要重视体系建设，将运行良好的机制固定提炼为中长期的服务体系。三是智慧城管要重视机制建设，完善绩效考核和评估分析机制，扩大分析和工作总结的范围，发现在城市治理和社会治理推进过程中的缺陷与困难，用奖罚分明的机制促进智慧城管的健康发展。

智慧城管可以在完善职能定位上做文章，建立权责统一的工作制度。街道、社区等基层单位应在城市治理中发挥领导核心作用。基层单位应依法行使相应的管理职能，规范考核指标和奖励，确定执行程序标准，推动工作重点转移到公共服务等社会治理工作上。智慧城管融合了“放管服”政策，将协调、处置的决定权分解并适度下放，有条件地与街道执法、社区管理相结合。

智慧城管可以在打破部门壁垒上下功夫。城市管理的各类主体，无论是建设方还是养护方，不管是企业还是机关事业单位，在智慧城管运行体系内都平等存在。智慧城管用制度规范他们的行为模式，用流动的信息架起各部门间沟通的桥梁，建立了协同联动、民主协商的治理模式。该项机制的关键是治理主体多元化、主体间关系平等、制度结构规范、数据网络兼容等。城市治理的“碎片化”状态应与智慧城管的有序运行有机融合，城市各层级政府应密切合作，善于借助一定的媒介和平台，丰富合作形式，突破地域局限，建立协商、会谈、沟通、协议等工作方法。

（三）创新社会治理和城市治理体制

只有创新协同治理方式，才能推进智慧城管有效运行。一是线上治理。智慧城管利用互联网技术打造信息互通平台，进行动态需求调查，建立公众需求实时数据库，及时准确地捕捉城市管理的需求热点，制定公共服务清单，提供精准高效的公共服务。二是线下治理。智慧城管要利用网格化治理，激发各类主体的积极性，促进社会参与，推动多元合作，实现社会协同。城市治理还需线上线下相结合，形成智慧城管O2O的协同治理互动。

政府要鼓励社会组织积极奉献、有序参与到治理环节中。智慧城管参与主体之一的社会组织，在推进智慧城管的过程中更多地发挥了依法自治的作用，这与政府花钱买服务的方式相辅相成。政府要加强两者的区分和引导，一面健全社会公众参与城市管理的奖励制度，一面完善政府购买服务的程序和对服务化外包企业的评价办法，两手抓、两手强，用好社会力量。

政府要通过完善基层管理体制来推进智慧城管的运行和发展，推进居民自治，激发基层活力，推动政府治理能力的现代化。智慧城管可以通过物业公司、业主委员会、群团组织和辖区单位的活动来发挥社会自治功能，一旦有涉及辖区的公共利益问题，通过联席会议等多方协商平台，邀请利益相关方作为参与主体。此外，以上群体还可以成为智慧城管的志愿者和监督员，这既能扩大政府工作的知晓面，又有利于提高居民的参与感和获得感，便于他们对政府工作进行评价打分，促进自治方式的信息化和现代化。

社会组织的力量不容小觑，智慧城管要依靠社会组织的共同参与来提升治理水平。政府要鼓励社会资本加大对公用基础设施等项目的投资力度，统筹规划，科学使用交通、供水、供电、供气等各类公共服务和基础设施，还要鼓励社会资本和各类经营主体平等参与。

三、智慧城管运行机制的创新方式

（一）启动立法立规，激励机制创新

如果运用得当，大数据将为我们提供方便；如果运用不当，大数据就会成为威胁。面对大数据的快速发展和广泛应用，原有的规范已经无法适应现状，我们亟须新的法律法规来对大数据应用进行约束。

智慧城管在数据连接、传递、比较上，更进一步地思考身份认证、登录校验、目录交换等基础安全环节，为数据应用提供了良好的协同工作环境。强有力的保障让城市管理部门更放心地进行数据交换，便于各方高效协作共治，形成综合治理的良性循环。

数据共享池需要公共资源的注入，用规范的标准、完善的保密制度来打造公共基础标准和政务服务目录，以此扩大智慧城管的信息采集和数据交流范围。数据开放共享遵循一些准则，并非完全开放。智慧城管需要更多的规章规范来保护个人数据的隐私性，笔者建议重点约束数据使用者约束额的行为规范及其责任，来替代每次使用时征得数据来源方的同意，便于扩大信息的应用范围。

（二）打造资源中心，助力机制创新

智慧城管按照机器补人的方法，缓解人员不足的困境，包括数据存储中心、数据挖掘中心、数据共享中心、数据交互中心。对内，智慧城管需充分整合系统内部信息资源，形成共享资源池，按需按权限索取。对外，智慧城管可以在电子政务平台的基础上，实现与住建等相关单位的信息交换，减少硬件建设的重复劳动和资源浪费。

智慧城管的重点是对准事部件外延的分析和存储——人和人的行为组成的信息流，跟进流动的处置过程并将其转化为决策依据。

智慧城管应邀请专业院校、科研团队和知名企业组成专家团队，共同研究大数据的应用，为行业的深入发展和智慧城管的良性进步提供信息。

智慧城管可以形成城市间或其他领域的智能化联盟，整合类似的服务信息，如市场化服务企业和第三方公司，减少行政成本。

智慧城管可以带动智慧产业形成“智慧云”，建立共享互补、共建共生的城市管理生态环境，利用集聚效应推动治理领域的产业培育孵化。

（三）协同关联应用，促进机制创新

智慧城管可以在应用模式和服务手段上进行创新。智慧城管的公共服务管理平台，要迎合公民、企业的需要，为用户提供定制化的服务，让用户快速准确地定位到办事窗口，使审批查询服务的响应及时有效。智慧城管应推出协同办公，打破地理位置和信息数据的物理隔离，打造面向公众的协同服务、面向部门的协

同管理。

智慧城管应优化便捷服务。最大限度地服务好用户和相关部门是智慧城管的出发点与落脚点。“服务+大数据”除了信息交互作用以外，还可以将服务领域拓展至网格管理、环境治理、五水共治、固废治理，拓宽更广的服务渠道，拓展更多的服务内容，实现更好的服务互动。当然，智慧城管更要贴近民生，为用户打造随时随地的“口袋信息库”，使用户掏出手机就可以查收城市管理类的民生信息。统一、容量巨大的交互平台能扩大信息覆盖面，降低市民的生活生产成本，提升市民的幸福感。

智慧城管可以增强决策辅助。智慧城管拥有城市治理的“法宝”——海量信息，当城市治理需要高效简便的决策支撑时，当城市治理产生智能过滤的决策模型后，智慧城管只需要科学的计算公式，就能自动得出分析结果，真实有效的结论有利于政府了解城市系统的运转情况和运行规律，进行公共服务与管理的新尝试，从而实现现代城市运作更安全、更和谐、更幸福的目标。

（四）实现多元共治，治理机制创新

1. 智慧城管转变政府治理理念

大数据技术也正在广泛深入地运用于智慧城管的方方面面。智慧城管的推进过程就是公众从被动参与转变为主动获取，从间接参与转变为实时监督的过程。在这个过程中，政府治理理念得到更新，而公众对政府的信任感是治理顺利推进的重要保障。加强智慧城管与公众之间的对话与交流，增强公众意见的采纳程度，建立起政府与公众之间的新型合作协同关系，需要政府树立法治、责任的理念，强化公益精神和主动精神。

2. 智慧城管扩大服务覆盖范围

传感网络、视频识别技术在智慧城管运行中大有可为，它们能对涉及城市事件管理、城市环境卫生管理等城市管理的相关领域进行更全面的感知、更智慧的识别，实现城市管理服务范围的全覆盖，从而为城市提供更全面、更智慧的公共服务。

智慧城管要深化社区自治，依托“四平台”推进工作，充分发动网格内的

社区工作人员、社会志愿者、热心市民等各方的力量，将他们作为信息员和监督员的有力补充，激发社区内单位、店家、居民自我发现、自我管理、自我服务的意识。

（五）拓展全面物联，推动机制创新

智慧城管要加快先进技术的运用。政府在充分运用物联网、传感交互、云计算、信息融合、通信网络、数据仓库、数据分析与挖掘技术等现代技术手段的同时，可以立足科技创新、资源整合、协助共享，强化信息获取自动化，促进管理决策智慧化，推动智能信息的应用。

城市的公共管理设施可以全面纳入物联网系统，笔者建议智慧城管运用二维码技术，将城市管理范围的部件电子化，扫一扫实时查看城市管理各部件的建设和管养信息，减少人工甄别的工作量。城市的元素在传感设备内关联互通，形成复刻城市实体的物联网络。在此基础上，智慧城管还可以将建筑作为物的组成部分，纳入环境监管和视频监控范畴，充分利用视频识别与物联网等高新技术，进行全面的智能化感知和识别，实现城市管理的科技创新和服务对象的高度整合。

智慧城管的全面物联的基础一旦形成，就能够收集变化着的所有数据，提前捕捉到某一特定物可能出现故障的信号：城市噪声的突然增加、物件使用频率的增加等。这些异常情况在物联系统内与其他正常状态相比较，机器学习技术自动判定哪些部分可能出现问题。

只要登录智慧城管平台，操作员就能收到系统的提醒并调取监控等记录确认，在故障发生前进行养护和补救。

智慧城管汇聚了海量的数据，有利于各职能部门间的交流与共享、分析与处理，为城市治理提供更广阔的视野、更清晰的脉络、更协调的服务，逐步形成城市协同治理、政府协同办公、社会协同管理的局面。

第二节　智慧园区

一、智慧园区是智慧城市的重要表现形态

在智慧城市这一先行概念的引导下，智慧园区的理念也进入了公众的视野。智慧园区是园区信息化的 3.0 升级，是智慧城市的重要表现形态，它既说明了智

慧城市的主要体系模式与发展特征，又具备了不同于智慧城市的发展模式的独特性。

智慧园区逐步成为地区招商引资、储备人才的重要途径。我国社会、经济处于快速发展阶段，园区正向着智慧化、创新化、科技化的方向转变。智慧园区利用各种智能化、信息化应用帮助园区实现产业结构和管理模式的转变，提升园区的企业市场竞争力，促进以园区为核心的产业聚合，为园区和园区企业打造经济与品牌双效益，成为应对新一代园区竞争的有力武器。

智慧园区是建设智慧城市的重要内容，是新兴城市的亮点，是政府关注、百姓关注、企业关注的重点，智慧园区的建成对智慧城市具有重要的示范作用。

二、智慧园区的定义

（一）智慧园区的重点在于“智慧”

一方面，智慧园区在现实的园区环境之外，更加注重综合应用各类IT网络技术、网上虚拟园区等，加强园区内部的互动沟通和管理能力，在更加广阔的范围内提高园区的知名度。另一方面，智慧园区更强调增强园区管委会、园区企业等各方面的资源整合能力，将整合园区内各方的专长资源加以推广，为园区打造一个整体的强势品牌。

（二）从不同角度理解智慧园区

对于智慧园区的认识，人们从不同的角度出发就会有不同的理解。

1. 从技术层面理解

智慧园区结合物联网、云计算等新一代信息技术，全面感知并整合城市的运行状态，构建未来城市的信息基础，有力地推动了城市的发展。

2. 从应用层面理解

智慧园区是信息技术发展到一定阶段的产物，智慧园区不仅拓展了理念范畴，更是对园区的生产方式、生活方式、交换方式、公共服务、机构决策、规划管理、社会民生等方面产生了巨大和深远的变革。

3. 从价值层面理解

智慧园区的价值分三个圈层，目的是形成以管理机构为核心的智慧平台。最内部的核心圈层是管理机构的内部员工，最外部圈层是指所有受众，中间圈层则是管理机构和机构所辖企业。

总而言之，智慧园区是建立在园区全面数字化基础之上的，具有智能化的园区管理和运营，标志着园区整体信息化由中级阶段向高级阶段迈进。智慧园区是借助新一代的云计算、物联网、分析优化等信息技术，高度集成现有的互联网、传感器、智能信息处理等信息技术，通过监测、分析、整合和智慧响应的方式，连接园区中分散的物理基础设施、信息基础设施、社会基础设施和商业基础设施，以此提升服务的准确性、高效性、灵活性，从而降低企业的运营成本，建立自主创新服务体系的新型园区。智慧园区以实现园区经济可持续发展和产业价值链提升为目标。

三、智慧园区的类型

（一）根据园区主导产业来分类

园区类别比较多，有物流园、文化创意产业园、高新技术产业园等。

1. 物流园

物流园是指在物流作业集中、几种运输方式衔接的地区，将多种物流设施和不同类型的物流企业在空间上集中布局的场所，也是一个有一定规模和多种服务功能的物流企业的集结点。

2. 文化创意产业园

文化创意产业园是一系列与文化关联、产业规模集聚的特定地理区域，是具有鲜明文化形象并对外界产生一定吸引力的集生产、交易、休闲、居住于一体的多功能园区。

3. 高新技术产业园

高新技术产业园是由各级政府批准成立的科技工业园区，它是为发展高新技术而设置的特定区域。它是主要依靠智力密集型企业、技术密集型企业和开放环境，依靠科技和经济实力，吸收和借鉴国外先进的科技资源、资金与管理方式，通过实行税收和贷款方面的优惠政策与各项改革措施，实现软硬环境的局部优化，最大限度地把科技成果转化为现实生产力，促进科研、教育和生产结合的综合性基地。

高新技术包括：微电子科学和电子信息技术，空间科学和航空航天技术，材料科学和新材料技术，光电子科学和光机电一体化技术，生命科学和生物工程技术，能源科学和新能源技术，高效节能技术，生态科学和环境保护技术，地球科学和海洋工程技术，基本物质科学和辐射技术，医药科学和生物医学工程技术，其他在传统产业基础上应用的新工艺、新技术等。高新技术的范围将根据国内外高新技术的不断进步而进行补充和修订。

4. 影视产业园

影视产业园是以影视制作为核心的影视制作工业体系，是影视传媒、数字内容、创意设计等产业规模集聚的特定地理区域，是具有鲜明文化形象，对外界产生一定吸引力，体现文化、影视、商、学、研、住的高度融合，并形成人气、创意、产业和活动等高度集聚的多功能园区。

5. 化学工业园

化学工业园又称化学工业区。化工产业一直是国家和区域经济的主导与支柱产业。近年来，化学工业园已经成为中国化工发展的主流模式，化学工业园主要以石油化工产业为基础，并服务于石油化工产业。

6. 医疗产业园

医疗产业园是以医药医疗器械产业作为功能定位的园区，它致力于发展医药医疗器械生产研发中心、科研成果转化基地和物流集散中心。

7. 动漫产业园

动漫产业园是指以引进动漫图书、电影、电视、音像制品、舞台剧和基于现代信息传播技术手段的动漫新品种等动漫直接产品，并对其开发、生产、出版、播出、演出和销售，以及生产与动漫形象有关的服装、玩具、电子游戏等衍生产品为主的产业企业组成的园区。动漫产业园促使这些企业在园内实现上下游企业的无缝对接，达到节约成本、提高效率、提高竞争力等效果。

（二）根据产业园内部产品形态来划分

此种分类方法与产业地产的产品线相关，根据园区内主要的物业形态组合来分类，可将智慧园区分为以工厂为主的加工制造产业园，以办公为主的总部基地产业园，以工厂、办公、配套住宅、酒店和商业等多种产品组合的综合产业园。

四、智慧园区的基础设施建设

（一）园区基础网络建设

1. 基础网络设计原则

（1）高可靠性设计

网络作为数据中心基础设施的重要组件，其可靠性直接决定着数据中心的可用性。因此，网络高可靠性是智慧园区建设成功的关键，也是园区企业用户特别是电子商务领域的企业用户选择数据中心的基本原则。针对智慧园区的网络方案，基础网络的可靠性设计包括以下三点：充分考量网络扩展需要，缩小二层网络尺寸；采用层次化设计进行功能部署，路由协议分区设计；网络、设备和链路等关键部件进行可靠化设计。

（2）扩展、模块化设计

在智慧园区的方案设计中，每个层次的设计所采用的设备都应具有极高的端口密度，园区广域网接入层、汇聚层的设备都应采用模块化设计，根据智慧园区业务的发展进行灵活扩展。功能的可扩展性是智慧园区提供增值业务的基础，因此，智慧园区在实现负载均衡、SSL加速、安全防护等功能的同时，为增值业务的扩展打下了基础。

（3）层次化设计

根据网络业务特点，数据中心网络可分为核心层、汇聚层、接入层和网络运维管理层；根据园区业务的特点，网络接入层可划分为若干区域，包括Web服务

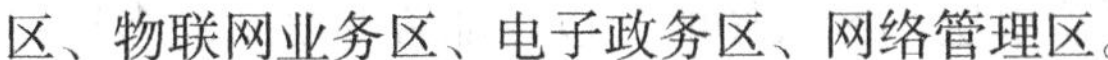
区、物联网业务区、电子政务区、网络管理区。

（4）全冗余设计

关键设备均采用企业级全冗余设计，包含单板热拔插设计、冗余控制模块设计、冗余电源设计。冗余网络设计的每个层次均采用双机方式，层次与层次之间采用全冗余连接。关键设备采用高效、负载均衡的双机备份，提供多种冗余技术。

（5）可管理性设计

网络的可管理性是智慧园区运营管理的基础。智慧园区应具备完整的QoS功能、完整的SLA管理体系、多厂商网络设备管理能力、相对独立的后台管理平台，以此方便企业用户的网络管理。

（6）安全性设计

安全性是园区企业用户特别是电子商务用户最关注的问题，也是智慧园区建设中的关键，它包括网络的安全控制和网络设备的安全加固。

2. 网络体系架构

（1）接入层

接入层提供LAN、WiFi结合的方式，满足园区企业用户、物联网关、最终用户的无缝接入需求。接入层上联采用双归或者环网方式，提升上联链路的可靠性。

（2）汇聚层

园区可部署VSC技术，实现设备集群，无线扩展设备容量，提供高密度10Gbit/s端口，实现接入层上联链路的汇聚；也可直接接入企业园区用户。设备间采用链路捆绑互联，提高可靠性。

（3）核心层

根据主要业务需要，园区采用高性能核心交换机或路由器设备，实现园区内部流量的高速转发和灵活调度。同时，基于网络的部署和运营要求，园区应适当集成AC、防火墙、IPSec等功能，实现集中的业务处理。

3. 无线覆盖

智慧园区无线覆盖的应用场景，在区域上，既可部署于室内，也可部署于室外；在功能上，既可覆盖办公区、会议室、培训室，也可部署在生产车间、仓库等场所；在场景复杂度上，既可覆盖单层小区域场所，也可部署在复杂的多层建筑场所；在业务能力上，既可用来进行视频监控、高速数据接入，也可以用来进行多媒体通信、召开网络会议等。

智慧园区可借助WLAN无线覆盖技术，实现对园区室内外不同区域的无线覆盖，使笔记本电脑、智能终端等移动网络设备可随时随地地接入无线宽带网络。

（二）数据中心机房建设

园区数据中心建设是智慧园区的建设核心，是园区智慧云服务平台的载体。园区建立完善的运营模式和运行管理体系、安全保障体系，可以加强园区企业IT资源共享，减少园区IT设施的重复建设，实现共建共享。智慧园区企业信息化的云服务包括SaaS、PaaS和IaaS三个层次。其中，IaaS和SaaS为基础选项，能够适应各种智慧园区，IaaS能够实现园区IT设施集约化建设，减少园区碳排放，提升IT存储和运算资源的使用效率。软件产业园可以尝试提供PaaS，用于中小企业建立开发测试环境共享。而SaaS与电信运营商的通信服务相结合，能够为园区企业提供物流、财务、人力资源管理等专业服务模块的信息化服务。

机房建设可分为平面设计、装修、供配电、环境监控、空调及通风、综合布线、消防工程、KVM切换控制系统等八个部分。

（三）云基础设施建设

1. 企业云主机

企业云主机以整合优化资源配置、提高业务系统的服务连续性、保障峰值资源的复用和实现有限资源的最大化利用为原则，推出面向业务的系列管理软件；以降低管理成本、实现资源的统一管理为核心，推出面向用户的服务平台，增强用户的满意度和服务资源的管控能力。

企业云主机架构主要包括云主机、集中存储、管理平台，云主机运行在物理服务器之上，存储在集中式存储器上，云主机控制台对整个物理机、云主机、存储器进行管理。

2. 企业云存储系统

云存储是通过集群应用、网格技术和分布式文件系统等功能，将大量不同类型的存储设备通过应用软件集合起来协助工作，共同对外提供数据存储和业务访问功能的系统。

云存储系统主要由存储硬件资源池和软件平台组件两部分组成，通过软件平台层向上层应用提供云存储服务。

云存储系统的硬件资源池包括存储网关、磁阵、存储服务器，根据应用场景的需要，该资源池采用通用存储服务器，灵活、弹性地扩展硬件资源。

3. 企业办公桌面云

桌面云是将个人计算机的桌面环境通过“客户机/服务器”的计算模式从物理机器分离的概念，其产生的“被虚拟”的桌面环境存储在远端的中央服务器上。桌面虚拟化以用户为中心，当用户在远程客户端工作时，相应的操作系统、应用程序、用户数据等都将集中运行和保存。同时，桌面虚拟化允许用户通过任何可能的设备，如台式机、笔记本电脑、瘦终端，甚至智能电话等，接入他们的桌面。

（四）信息安全基础设施建设

1. 视频监控系统

智慧园区的视频监控系统是集视频监控、视频宣传和手机浏览于一体的多功能视频监控系统，不但能够规范园区内部管理，加大园区安防力度，而且能够通过手机浏览让领导随时随地了解园区情况，还能够通过在各园区的门户网站上播放园区实时视频监控图像，展示园区风采，宣传园区特色，推动园区的招商引资，加快园区的经济发展。

（1）视频监控系统的特点

园区是一个开放的公共场所，人员复杂，虽然有保安在门口把守，并在园区巡逻，但要想实现视频监控系统在全园区实时覆盖和24小时不间断人员巡视是不可能的。如何保障园区的安全、如何保证园区员工的生命财产安全、如何防止非法人员和车辆闯入、发生纠纷时如何取证等，成为园区管理者的头等大事。

（2）视频监控系统的组成

视频监控系统包括前端子系统、网络传输子系统、管理平台子系统、存储子系统、监控中心等五大部分。

①前端子系统。视频监控前端子系统主要包括超低照度模拟摄像机、超宽动态模拟摄像机、高清数字枪型摄像机、高清数字球形摄像机、标清编码器、拾音器等设备，主要作用是对前端音视频流进行采集和编码，将其提供给中心管理平台进行处理。它是视频监控系统不可或缺的组成部分。

②网络传输子系统。作为前端设备的接入层网络设备，以太网光电转换器被部署在周界挂臂设备箱和各楼层的接入交换机，实现所有前端监控点的直接接入。

管理平台之间、前端监控编码设备与用户终端之间，通过光缆、以太网光电转换器、超五类以太网双绞线等进行信息的传输、交换和控制，能够有效地通信和共享数据，实现各系统前端设备和后台中心交换机的通信。

③管理平台子系统。管理平台是整个系统的核心，采用Linux操作系统；系统容量大、稳定性高、安全可靠；具备完善的主备方式、负载均衡机制，为接入大容量业务提供可靠性保证。

管理平台采用分层分模块的设计方式，具有多级多域的逻辑结构，级数的设置和每一级所设域的数量可根据实际应用情况进行设置。

视频监控管理架构在网络、媒体流传输协议方面应符合RTSP标准的要求；媒体编码格式支持当前主流的H.264编码协议；软件采用模块化设计。不同的模块应采用不同的专业应用部件，包括中心管理模块（SMC）、业务控制模块（SCC）、前端接入模块（PAG）、客户端接入模块（CAG）、媒体数据分发模块媒体分发单元、媒体数据录像模块媒体存储单元等，切实满足视频监控业务对软件的需求。

在功能上，管理平台主要实现监控管理、报警管理、存储管理、电子地图管理、网络设备管理、用户安全管理、日志管理、人机交互管理等基本功能。

管理平台设计应充分考虑用户的应用需求，具有良好的可扩展性、开放性，良好的集成能力和二次开发能力。管理平台可扩展支持与各类系统接口的对接，支持多种外围设备与平台对接，如与告警管理平台、前端编码器、后端客户端和其他大型系统（如入侵检测系统、门禁控制系统）等的对接。

④存储子系统。存储管理分为媒体录像存储管理和数据库存储管理。

媒体录像存储管理是针对视频监控录像文件的管理，通过提供文件管理储存功能，为客户提供文件分类管理服务，包括上传、支持批量上传、删除、支持批量删除、下载、查询文件列表等功能，以及添加、删除、修改、查询分类的操作功能和用户信息的管理功能（包括添加、修改、删除、查询用户信息）。

媒体录像存储管理采用先进的存储技术，可不宕机在线扩展容量；在个别磁盘失效的情况下，校验冗余仍旧保持存储的可用性；采用双电源、双控制器、双缓存、双风扇、热备热换等技术，保证存储设备的可靠性；重要录像数据（如案件发生过程、重要线索等录像）在监控中心自动备份转储，进行长期保存，以备授权查询；支持故障告警，及时通知运维人员，尽快恢复故障设备，全方位地保障录像数据的可用、安全、可靠。

数据库存储管理主要是针对视频监控中的核心业务数据，如用户信息、安全认证信息、系统运行参数信息等。数据库数据采用镜像冗余存储备份、双机主备的访问方式，以保障存储的核心数据安全、可靠。

⑤监控中心。各级监控中心对现场监控情况的控制、突发事件的处理、事件查看、信息发布、监控调用、设备控制等可直接在PC客户端的大屏幕显示，实现对上述功能事件、功能系统、设备系统最快速、最有效的点对点控制。

2. 监控管理系统

园区监控管理中心是园区多业务平台和园区管理与服务信息化系统，以及各应用系统管理、操作、运行的物理场地。园区监控管理中心内应设置行政管理分中心、治安管理分中心、应急管理分中心等园区管理机构，满足园区的治安、重大安保、成果展示等职能的工作部署需求。

（1）园区监控管理中心的设备配置

园区监控管理中心包括园区监控管理大屏幕显示设备，以及网络设备、应用服务器、数据库服务器的数字机房等设施。这些设施为园区的管理与服务提供一个统一显示界面、统一监控管理、统一运行操作、统一信息数据、统一决策指挥的信息化综合应用平台，它能保障园区居民正常生活，保障各种机构、团体或组织、企事业单位正常工作，维护辖区内建筑物、居住区、各项基础设施的正常运行，是提升园区管理与服务效率的必不可少的基础设施。

（2）园区监控管理中心工程实施的内容

园区监控管理中心工程实施的内容包括装修机房，组建智慧园区系统网络，连接计算机、服务器、数据库存储设备、大屏幕显示设备、机柜、UPS电源设备，以及构建电气系统、空调通风系统、综合布线系统、机房保安监控系统、电子会议系统、强弱电防雷接地系统等。

（五）便民基础设施建设

1. 园区智能卡

园区应向居民和企业员工发放集成RFID、NFC技术的智能卡。该智能卡有效地集成传统分散的身份验证、考勤管理、门禁管理、消费管理等功能，并通过内部网络实现信息资源共享，实现园区内一卡通用。

2. 便民融合服务中心

园区应建设便民融合服务中心，聚合政府服务、社会公共服务和商业便民服务等多方面资源，为不同群体提供多项协同性、综合性、针对性的信息服务，并实时推送园区信息。便民融合服务中心前端将充分利用移动互联网和智能终端在多媒体服务获取的优势，提供最便利的移动应用服务，最终满足员工的各类与工作、生活密切相关的信息服务需要。

参考文献

[1] 岳长青，阎明均，陈进．市政工程建设与路桥施工 [M]. 汕头：汕头大学出版社，2024.

[2] 张海江，郑廷辉，唐永会．市政规划与路桥工程建设 [M]. 汕头：汕头大学出版社，2024.

[3] 廖光磊，何岳，邓凤华．市政道路与桥梁施工技术 [M]. 武汉：华中科技大学出版社，2024.

[4] 王建军，谭华东，柏国箭．市政工程建设管理理论与实践应用探究 [M]. 长春：时代文艺出版社，2024.

[5] 吴志华．公路工程招投标与合同管理 [M]. 厦门：厦门大学出版社，2024.

[6] 刘利．海绵城市规划设计与建设 [M]. 北京：中国建材工业出版社，2024.

[7] 王澍湉，郭庆云，徐慧萍．城市建设与国土空间规划 [M]. 哈尔滨：哈尔滨出版社，2024.

[8] 刘策，袁志永，韦海东．市政工程施工技术与项目管理研究 [M]. 汕头：汕头大学出版社，2024.

[9] 耿玉波，张建忠．新型智慧城市建设理论与实践 [M]. 上海：上海交通大学出版社，2024.

[10] 陈鲸．新型智慧城市重大基础设施建设体系 [M]. 成都：四川科学技术出版社，2024.

[11] 倪训友．城市智慧停车系统规划与设计 [M]. 上海：同济大学出版社，2024.

[12] 朱鲤，张品立．智慧绿色交通 [M]. 上海：上海交通大学出版社，2024.

[13] 葛天任．强国之城：大国科技竞争与智慧城市治理 [M]. 上海：同济大学出版社，2024.

[14] 郭永萍，刘小姣，杨磊．市政工程建设与给排水技术研究 [M]. 汕头：汕头大学出版社，2023.

[15] 刘勇，徐海彬，邓子科．市政建设与给排水工程 [M]. 长春：吉林科学技术出

版社，2023.
[16] 董相宝，刘廷志，唐雨青 . 市政建设与给排水工程应用 [M]. 汕头：汕头大学出版社，2023.
[17] 李文辉，刘文炼，李德昌 . 绿色建筑工程质量监督与市政建设 [M]. 长春：吉林科学技术出版社，2023.
[18] 高海伟，谢晓琴 . 市政工程计量与计价 [M]. 重庆：重庆大学出版社，2023.
[19] 孔谢杰，李芳，王琦 . 市政工程建设与给排水设计研究 [M]. 长春：吉林科学技术出版社，2023.
[20] 吴量子，臧建华，董妍璐 . 智慧城市建设与规划探究 [M]. 长春：吉林科学技术出版社，2023.
[21] 王家驹 . 大数据技术在智慧城市建设中的应用研究 [M]. 北京：北京工业大学出版社，2023.
[22] 官红梅 . 智慧城市建设与管理探索 [M]. 长春：吉林出版集团股份有限公司，2023.
[23] 杨博雄，张开存，赵福军 . 新型智慧城市建设的研究与实践 [M]. 武汉：湖北科学技术出版社，2023.
[24] 邵华，王骞 . 市政工程建设与管理研究 [M]. 长春：吉林科学技术出版社，2022.
[25] 徐雪锋 . 市政工程建设与质量管理研究 [M]. 延吉：延边大学出版社，2022.
[26] 姬向华，董云欣，吴育强 . 城市规划设计与市政工程建设 [M]. 沈阳：辽宁科学技术出版社，2022.
[27] 刘忠伟，张光华，李昂 . 市政工程建设与建筑消防安全 [M]. 沈阳：辽宁科学技术出版社，2022.
[28] 魏颖旗，张敏君，王淼 . 现代建筑结构设计与市政工程建设 [M]. 长春：吉林科学技术出版社，2022.
[29] 李世鑫 . 市政工程与道路桥梁建设 [M]. 沈阳：辽宁科学技术出版社，2022.
[30] 郝银，王清平，朱玉修 . 市政工程施工技术与项目安全管理 [M]. 武汉：华中科技大学出版社，2022.
[31] 黄俊鑫，李义军，周辅昆 . 市政工程规划设计与经济分析 [M]. 武汉：华中科技大学出版社，2022.

[32] 吴明 . 大数据时代智慧城市建设研究 [M]. 石家庄：河北人民出版社，2022.

[33] 魏真，赵珂，张伟 . 区块链在智慧城市中的应用 [M]. 上海：上海科学技术出版社，2022.

[34] 韩新 . 智慧社区导论 [M]. 上海：上海科学技术出版社，2022.

[35] 周晓芳，秦春磊 . 智慧社区大数据 [M]. 上海：上海科学技术出版社，2022.

[36] 丛北华 . 智慧社区物联网系统 [M]. 上海：上海科学技术出版社，2022.

[37] 秦春丽，孙士锋，胡勤虎 . 城乡规划与市政工程建设 [M]. 北京：中国商业出版社，2021.

[38] 黄春蕾 . 市政工程项目管理 [M]. 郑州：黄河水利出版社，2021.

[39] 余凡 . 智慧城市大发展背景下智慧社区建设研究 [M]. 苏州：苏州大学出版社，2021.

[40] 魏玉祺 . 中国新基建与 5G 智慧城市建设 [M]. 天津：天津科学技术出版社，2021.

[41] 张涛，戴文涛，丁宁 . 智慧城市综合管廊技术理论与应用 [M]. 北京：机械工业出版社，2021.